潛富

成為真正富人的潛意識關鍵

Grow Rich
with the Power of Your Subconscious Mind

約瑟夫・墨菲 / 著

Joseph Murphy

謝佳真 / 譯

目錄

CONTENTS

- 為什麼「富者越富、貧者越貧」？
- 正向又自律的思考方式
- 潛意識致富的四個步驟
- 從失敗到成功的內在力量
- 每個想法都具有創造力
- 喜悅是財富的入口
- 強扭的瓜不甜？財富不是拚出來的
- 信任你的潛意識

前言
邁向富裕的康莊大道

———————◆———————

FOREWORD

　　潛意識致富？聽起來像是痴人說夢。然而，本書作者約瑟夫‧墨菲博士，很明白地勸阻讀者，不要耗費心力地去追求財富與物欲。不費力的「無為而為」（effortless effort）就好。你唯一要出的力，是學會如何將你的渴望投射到潛意識的屏幕上，也就是無論你有什麼願望，都要預見自己已經成為你想成為的人、做你想做的事，以及擁有你渴望的東西。一旦你培養出這種能力，遍存於宇宙萬事萬物的全能力量自然有辦法滿足你的願望。

　　記住，「無為而為」的概念只適用於追求個人的願望，而不是要你一輩子無所事事。自我實現是每個人的人生目標，這需要我們有意識地運用心智與身體，通常也需要一定

的努力與決心。當我們隨順著自己的心意，並與萬能的宇宙力量結盟時，要做的事情可能毫不費力，但有時也不免要苦苦掙扎。我們可能必須擁有不屈不撓、堅韌不拔的精神，才能夠熬過艱難的時刻，克服重重障礙。

不過，請放心，只要你能夠成功地在潛意識留下印痕，最終都會反映在現實世界。換句話說，你的經歷與境遇都是由你的想法與信念創造出來的。正如墨菲所說的，這條法則可以是祝福，也可以是詛咒。既然健康、富裕、幸福的畫面可以烙印在潛意識中，病痛、貧窮與悲苦當然也行。例如，負面的自我對話「我永遠負擔不起」一旦進入潛意識中，便會在現實世界裡顯化出來。同樣的，對病痛、失敗或被拒絕的恐懼一旦成為主觀心智（subjective mind）的潛意識信念時，也會成為這個世界的客觀現實。

想改變你的經歷、處境與財務狀況，首先必須改變你的思維和信念。遺憾的是，這並不容易做到。我們必須靠著「信心的一躍」來突破屏障，光說你希望或相信什麼，並不能成為你的信念；僅僅反覆念誦肯定語，不足以把你的所求所願刻印到潛意識的心智中。要在潛意識留下深刻的烙印，還要加上熾熱的正向情感，比如渴望、期盼與感恩等等。此外，像恐懼、焦慮之類的負面情緒必須釋出，以免將錯誤不

實、扯自己後腿的信念投射到潛意識中。

　　本書的可貴之處，在於它為你指出了如何以幾個步驟邁出「信心的一躍」。墨菲是新思潮運動（New Thought movement）的化學家、哲學家、教師及牧師，新思潮是一種思想流派，認為心智力量足以帶來健康、繁榮、和平及個人成就。墨菲寫過許多暢銷書，包括《潛意識的力量》（*The Power of Your Subconscious Mind*）與《你內在的宇宙力量》（暫譯，*The Cosmic Power Within You*）。他相信無論學經歷高低，任何人都具備神聖的力量，並且有權知道如何使用這些力量來滿足他們的欲望。因此，他致力於解開古老的祕密，將晦澀的玄學概念與實務轉譯為通俗易懂的步驟，好讓有心學習的人都能理解。

　　在這本新書中，集結了墨菲博士針對富足這個主題所做的一些最有影響力的論述，其中有些內容摘錄自演講會場分發的小冊子，未曾以書籍形式面世，有些則是舊作的精華再現，還有一些則是為當代讀者更新及添加的新資訊。在這些更新中，除了補充一些現代的例子（以楷體呈現）外，還將墨菲對潛意識的教導擴展到有意識的思想與行動。

　　墨菲的思想體系與實踐指引歷久彌新，雖然有些故事與軼聞更能引起一九五〇年代讀者的共鳴，但仍與現代的讀者

切身相關，值得一讀。這一點就足以說明墨菲的教導，在實際應用上仍然確實可行。在本書中，你可以看到許多真人實例，他們實踐了墨菲建議的技巧，從而得到了富足且充實的人生。當你深入閱讀並親自操練這些相同的技巧時，你也會開始在生活中體驗到潛意識的力量。墨菲對這些技巧的生動解說，以及他提供的多篇宣言，讓讀者得以輕鬆運用潛意識的力量來豐富今天的生活。

從一九五〇年代至七〇年代末期，墨菲都在專注寫作與教學，因此你可能偶爾會看到部分不合時宜的內容，但其教導的核心精神仍然貼近當今的世界，畢竟這個世界的負面訊息、慢性疾病、不幸與貧困變得越來越猖獗。我們置身於一個變動不定的世界，墨菲稱之為「五感世界」（five-sense world），根據墨菲的教導，我們可以從這個世界超脫出來，轉向我們內在的永恆力量，進入那個由和諧、富足、良善主宰的國度。墨菲的教導與技巧所根據的原則是永恆不變的，這些原則比世上的宗教與教團更早出現，也不依賴外在環境而存在。一旦精通這些永恆的原則後，我們就不會因為大眾的消極思想或是周遭世界的浮浮沉沉而被動搖。

閱讀本書時，你可能會注意到一些特別的用語，例如天父（Father）、全能者（Almighty）、我是（I Am）、神聖

存在（Divine Being）、無上存在（Supreme Being）、無限力量（Infinite Power）、宇宙力量、神聖智慧（Divine Intelligence）等等，指的都是存在於可見與不可見的萬物中，那一股充滿智慧的生命力量。不論你是否有宗教信仰，本書揭露的永恆真理都具有強大的力量，雖然看似簡單，但停下來細細思考、實際應用後，便會見識到其不可思議的神奇效果。無論你怎麼稱呼神聖的存在，祂都在你之內，當你學會如何讓意識、潛意識與這股力量協調一致後，就可以用這股力量建立自己的優勢，奇蹟會開始出現在你的生命中！

等你開始實踐墨菲的教導，就要準備好大幅調整你追求富足、幸福及自我實現的方法。其中最大的改變也是你必須踏出的第一步，就是改變你的心智、你的想法。誠如墨菲所言，一旦改變思維，你會成為什麼樣的人、能夠做什麼事，以及你所擁有的東西，都會有積極的轉變。遵循墨菲在本書中提出的指引，大刀闊斧地改造你追求財富的方式，這樣的你勢必會踏上康莊大道，將想像中的財富收歸己有。

祝你心想事成

鮑耶（H. Boyer）博士

約瑟夫・墨菲信託基金會受託人

看見希望，
掃除所有「求而不得」的遺憾

◆ ◆ ◆

在你之內有一種無限的力量，可以提振你、療癒你、啟發你、引導你、指引你，帶你走上通往富裕、幸福、自由、平靜、充實、快樂及成功生活的高速公路。有些人已經發現了如何取用這股力量，也因此他們活得快樂、幸福、成功、富足。相反的，尚未發現這種力量的人只能受制於外在環境，被人生的起起落落牽著走，這些人通常過得很不開心、灰心喪志，連生計都成問題。

各行各業都有出類拔萃的人，他們一天比一天成長進步，生機勃勃、強壯健康，為人類創造了無數的福祉。這些成功人士似乎具備或支配著某種原始的力量，不斷從中得到莫大的助益。

然而，還有更多的人是一生庸庸碌碌，過著一成不變的生活，肩上扛著沉重的負擔，默默忍受著絕望的痛苦。他們

似乎無法克服人生的挑戰，也無法獲得令人滿意的回報。

✦ 這本書要教你一條萬用法則

如何面對並克服生活中的挫折與問題？這是本書的核心主題，而每一章都在告訴你，所有的問題都會在神聖的指引下解決，讓你看見如何凌駕一切困擾，迎接新一天的黎明，展開豐饒而滿足的新生活。

這本書解釋了如何汲取你內在的無限力量，並提供你運用這股力量的具體技巧。更確切來說，這是教導你如何與無限力量結盟、溝通，以及如何在日常生活中應用的一本實用手冊。每一章節都力求以最簡單、最直接的文字，來解釋關於心智最基本的知識及心智的無限力量。

仔細閱讀每一段文字，並應用書中提供的有效技巧。如此一來，你與內在的無限力量就能在精神上接觸與交流，讓你能夠自信地超越困惑、痛苦、憂慮與失落，一舉解決所有「求而不得」的遺憾。

這股無限力量會準確地帶領你前往你真正的位置，解決你的問題與困難，讓你永遠擺脫匱乏與限制，走向更美好、更平靜、更高層次的人生。

✦ 看看心智的無限力量能為你做些什麼

在這三十多年中，世界各地有無數的人透過潛意識力量達成所願，有人成為了自己想成為的人，有人實現了自己的夢想，有人得到了嚮往的一切：

- 大量的財富
- 有了新朋友與美好的人生伴侶
- 得到保護，免除危險
- 療癒所謂的不治之症
- 從自我譴責與自我批評中解脫
- 名聲、榮譽與認可
- 嶄新的活力與重燃對生活的熱情
- 從夫妻失和到重拾幸福
- 在不斷變化的世界中定靜自在

使用這種力量的人不分男女老少、不分各個社會階層，各種收入等級都有。他們可能是中學生、大學生、上班族、計程車司機、大學教授、科學家、藥劑師、銀行家、醫師、整脊按摩師、電話接線生、導演、演員或卡車司機。

　　這些人發現了這股神祕卻真實的力量，從而擺脫失敗、痛苦、匱乏與絕望，而且很多人更是在一眨眼間就解決了他們的問題，擦乾眼淚，從情緒與財務問題的糾纏中脫身，抓緊帶來自由、名氣、財富與充實生活的新機緣。同樣的，這些人還發現了具有神奇療癒力的愛，用它來修補破碎及受傷的心，讓靈魂得以回復完整。

　　所謂「大道至簡」，生命最偉大的運作之道也是最簡單的。本書簡單明瞭地揭示了這些偉大的真理，告訴你如何超越你可能會遇到的任何問題，以及如何接收指引與祝福。只要簡單地請求，並相信所求必能如願，就真的會成真。潛意識與心智的宇宙力量強強聯手，無事不成。

　　遵循本書提出的具體技巧，釋放內在隱藏的無限力量去追求屬於你的所有好事，你的生活將會一天比一天更富裕、更燦爛、更美好，也更精彩。遵循書中的指示一步步去做，就能接通在你之內的這股無限力量，將一切美好的事物吸引到你的生命中。

　　現在就開始，讓這本書釋放禁錮在你之內的榮耀，讓所有美好、令人滿足的奇蹟不斷降臨到你的生活中。

潛意識
如何創造財富？

潛意識如同瓶中精靈——無論你想要什麼並相信它為真，潛意識都有辦法幫你實現。如果你希望並相信自己擁有健康、富足、感情美滿，你都會如願。相反的，如果你認定或害怕自己會生病、窮困潦倒、孤單寂寞，這些就將會是你的命運。想要在生命中如願以償，首先必須知道潛意識是如何運作的。

　　在你出生時，整個世界與世界上的所有寶藏——海洋、空氣、大地、一切可見及不可見的生物與非生物就都存在了。想想看，你周遭那些不為人知、未被發現的財富，正等著一顆聰明的腦袋讓它們得以面世。將財富視同你每天呼吸的空氣，培養這樣的心態。有一名女性曾經詢問思想家愛默生（Ralph Waldo Emerson）如何才能成功，愛默生帶著她來到海邊，然後只是簡單地說道：「看一看。」她說：「喔，這水還真多呢，不是嗎？」愛默生說：「用這種方式來看待財富，妳就永遠不缺錢。」

　　明白財富就像潮水，始終在流出，也始終在流入。一名業務經理告訴我，他有個同事向公司推銷了一個擴張的點子，一下子就進帳了百萬美元。你也可以有一個價值連城的點子。財富是你心智裡的一個想像畫面，是你心智裡的一個想法，也是一種心態。

　　一個好點子有可能讓你日進斗金，但不僅如此，你來到這裡是為了展現璀璨人生的，你本該擁有奢華、美麗、富饒的生活。但首先，你必須對金錢、財富、食物、衣服、旅行以及所有美好並值得擁有的東西有一個正確的態度。當你能夠真正與財富做朋友時，就會永遠富裕有餘。

　　很多人都有一個錯誤的認知：先要擁有財富，才會感到

富足。然而，事實恰恰相反：先要感覺富足，才能吸引財富到來。坐等或期待錢財自動上門，只會讓你陷入困境。你必須懷抱信心、勇於冒險，你必須先認定所想像的財富會出現並為此感恩，才能開始吸引你想要的財富。

將金錢視為一種神聖理念，它能維持世界各國的經濟健康。當金錢在你的生活中自由流動時，你的財務就會健康，就像血液能夠自由流動時，身體便不會堵塞一樣。從現在起，要明白金錢在生活中的真正意義與作用，那就是：錢只是方便交易的媒介，僅此而已。自古以來，金錢的形式歷經多次更迭。錢對你的意義，應該是需要時免於匱乏，應該代表美、奢華、富足、安全感與風雅。你有得到錢的權利。想要擁有更充實、更豐饒、更快樂、更美好的人生，是正常且自然的事。

那麼，誰是天選之子，注定要體驗並享受這個世界的豐饒，而其他人則注定遭受苦難、貧困度日呢？完全沒有這回事。我們的命運由自己決定，當你接受並相信自己的想法，由衷相信自己會成為怎樣的人、做怎樣的事、擁有什麼，那便會成為你的現實。我們內在的神聖力量與本具的神性，會不斷根據我們有意識的想法，以畫面、感覺及信念等方式烙印在潛意識中，形塑並建構我們日常生活的境遇與環境。

✦ 為什麼「富者越富、貧者越貧」？

只有那些覺察到心智、想法及信念具有強大創造力的人，才能享受生命真正的豐盛與富足。他們會不斷地將靈性上、心智上及物質上的富足觀念烙印到心智深處，然後心智便會自動地將富足顯化為他們的實際經驗。

這是偉大又神聖的生命法則，可以有效地發生在每個人身上。無論過去或未來，這都是不變的真相。我們根深柢固、由衷認定的信念，會以經驗、事件與境遇等形式顯化出來。換句話說，我們主觀的意念會變成客觀的具體經歷。

如果我們意識到並確信自己生活在一個慷慨、有智慧及無限生產力的宇宙中，並由充滿愛的宇宙力量來統籌給予及管理，這樣的信念將會反映在我們的環境與所有活動中。

同樣的道理，如果我的主要信念是「我不值得擁有宇宙無限的財富」，或是認為自己注定一生匱乏，財富都是別人的而不是我的，這樣的信念便會體現在我的環境及活動中。

這兩種截然不同的觀念或信念，是決定我們的物質條件是富足或匱乏的首要因素。富足的想法會吸引來富足，而匱乏的想法會導致匱乏。這就是為何會出現「富者越富、貧者越貧」現象的原因。

✦ 正向又自律的思考方式

我知道要在貧困時想著富足與財富，需要下點功夫；但我也知道，這是可以做到的。你只需要有堅定不移的信念，持續不斷地相信，它就會實現。具備這種自律想法的人必然會富裕。

關鍵詞是「自律的想法」，而心智的紀律始於我們對真理的渴求、意願及嚮往。我們所需要做的，就是檢視並了解我們發自內心的信念、觀點、理想及抱負，而這同樣是可以做到的。我們務必要更新自己的心智，用新的方式思考。

有一名優秀的年輕女作家來找我，她已經公開發表過好幾篇文章。她告訴我：「我寫作不是為了錢。」我對她說：「錢哪裡不好嗎？」就算你是為了錢而寫又怎樣，勞動本來就應該獲得回報，正如《提摩太前書》所說的「工人得工資是應當的」。你的文字能夠啟發、激勵、鼓舞他人。當你擁有正確的心態時，金錢上的補償將會暢行無阻地向你湧來。

事實上，她不喜歡錢，還曾說錢是「不義之財」，我猜她小時候大概聽過母親或其他人說錢是邪惡的、貪財是萬惡之源（出自《提摩太前書》第 6 章第 10 節）等等，對錢的意義一點都不明白。說錢是邪惡的、骯髒的，實在是迷信。

在這名女作家的潛意識裡，把清貧視為美德。但窮不是美德。我向她解釋，宇宙中沒有邪惡，善惡只存在於人的思想與動機中。所有的惡都來自於對生命的誤解，以及對心智法則的濫用。

如果你想有錢，就要跟錢交好，如此便永遠不怕缺錢。金錢要能流通起來，時代才能繁榮。一旦人心動盪不安、擔驚憂煩，恐懼這個妖魔鬼怪就會趁機興風作浪，攪得經濟蕭條或衰退；心理因素的力量非常可怕。但是大自然永遠不虞匱乏，它是慷慨的、大方的、豐饒的。據說，熱帶地區每年掉落在地上、任其腐爛的水果，便足以養活全世界。物資短缺是因為我們濫用大自然慷慨的饋贈，沒有妥善分配。

人們唯一的罪是無知，唯一的後果是受苦。把黃金、白金、銀、鎳、銅視為邪惡是愚蠢的、荒唐的。一種物質與另一種物質之間的唯一區別，就只是繞著中央核旋轉的電子數量及速率不同而已。

為了克服對金錢的不理性仇視，這個女作家只是練習了一個簡單的小技巧，就讓她體驗到的財富加倍了——她每天都會複誦以下的宣言：

我的作品會為人們的心智及心靈帶來祝福、療癒、

啟迪、鼓舞及昇華，不分男女。我以一種美好的方式獲得神聖的報償，並將金錢視為神聖的物質，因為萬物都是由唯一的靈（One Spirit）創造的。我知道物質與精神是一體的。錢一直都在我的生命中流動，我明智且有建設性地將錢用於正途，而金錢也自由地、歡喜地、無止境地流向我。金錢是神聖之心的一個概念。金錢很好、非常好。

這是一篇精彩的宣言，根除了對金錢的迷信謬論，包括錢是邪惡的、清貧是美德，以及上帝愛窮人勝過富人等等。這名年輕的女作家改變了她對金錢的態度，於是奇蹟降臨了。她的收入在三個月內成長了兩倍，而這只是她財源廣進的開端而已。如果你能和她一樣，也改變對金錢的態度，同樣會在自己的生活中發生類似的奇蹟。

幾年前我曾與一位牧師談過話，追隨他的教徒不少。他對心智法則有出色的見解，並能夠將這些知識傳授給別人。然而，他總是入不敷出，而當他引述「錢是萬惡之源」來為自己辯護時，就一針見血地指出了他之所以貧困的原因。他忘記了萬能的上帝會將財富施予世人，好讓他們能夠再去幫助別人。上帝鼓勵人們信靠或信奉生命的智慧與力量，它給

予我們所能享用的所有一切。

所謂愛，是將你的忠實、忠誠及信仰獻給萬物的源頭，也就是你內在的永生靈（Living Spirit），或者說生命法則（Life Principle）。因此，你忠實、忠誠及信任的對象不是受造物，而是造物主、宇宙萬物的永恆源頭，也是你呼吸的源頭、生命的源頭、頭上髮絲的源頭、心跳的源頭，以及日月星辰的源頭、這個世界與你腳下這片大地的源頭。

如果你說「我只要錢，其他都不要，只有錢才重要」，你當然可以求財得財，但人生在世，必須打造均衡的生活。在生命的所有層面，都要領受到和平、和諧、美、引導、愛、喜悅與完整。少了勇氣、信仰、愛、善意和喜悅，你要如何在這個世界活下去？錢沒什麼不好，但錢不是這個世界僅有的東西，也不是人生唯一的目標。將錢視為人生在世的唯一目標是不對的，是錯誤的選擇。錢一點都不邪惡，但偏重金錢，你的生活將會失去平衡。

既然來人世間走這一遭，一定要展現你潛藏的才華，並找到真正屬於自己的定位，體驗到幫助別人成長、幸福及成功的快樂，因為我們都是為了奉獻而生的。你要將你的才華奉獻給世界，是上天給了你這一切，包括你內在的神聖力量。你有一筆巨大的債務要償還，因為你擁有的一切都是無

限的，那是上天賜給你的。因此你來到這裡，是為了將生命、愛和真理，獻給你的理想、夢想及抱負，是為了自強不息，為了能夠親自掌舵，不僅是為了下一代的成功與幸福盡心盡力，更要為了世界的成功與幸福而有所貢獻。

不顧一切地積累財富，你會變得失衡、偏頗並感到沮喪。沒錯，只要你能善用潛意識法則，錢自然會滾滾而來，但仍然可以擁有內心的平靜、和諧、完整及自在。財富可以用來做許多好事，就像自然界的任何事物一樣，你也能夠明智、審慎及妥善地運用金錢。心智的可塑性非常高，你可以善用知識、處世之道來影響它，也可以用自我設限的想法和信念幫它洗腦。

我告訴這位牧師，宣稱紙鈔或硬幣是邪惡的，完全曲解了《聖經》的意思，紙鈔與硬幣都是中性的，是好是壞在於我們怎麼想。他漸漸想通了，開始看到了事情的另一面：如果他的錢變多了，就可以為妻子、家人及教徒做更多好事。於是他改變了態度，放下了執而不化的迷信，並開始勇敢、規律且有系統地以自我肯定的方式聲明：

　　　　無限之靈為我揭示了更好的事奉方法。我從高我取得了靈感與啟示，我把這唯一的神聖存在及力量傳遞給

所有聆聽我的人，我信之奉之，充滿了信心。我將金錢視為一種神聖的概念，它不斷在我及我周圍所有人的生活中流動循環。在至高生命力量的指引下，我們明智、審慎且妥善地使用金錢。

這位年輕的牧師養成了誦讀這篇宣言的習慣，他明白這會活化他潛意識的力量。如今，他除了擁有一座一直想要的美麗教堂（集眾人之力建造的）之外，還有一個廣播節目，而不管是在個人層面、世俗層面及文化層面等需求上，他也都有了足以應付的充足財力。我可以向各位保證，他再也不批判金錢了。要是你批判錢，錢就會飛走，因為你所譴責的正是自己渴求的東西。

✦ 潛意識致富的四個步驟

遵循以下這些我將為你概要介紹的技巧，這一生你絕對不會缺乏財富，因為這是致富的萬能金鑰。

步驟 1：在心智中推論出，無論是宇宙、太空星系、可見或不可見的一切，其源頭都是生命法則或永生靈，其中包括天上的星辰、山巒、湖泊、地球海洋的沉積物、所有的動

植物、我們呼吸的空氣，以及所有的自然力量。生命法則孕育了你，而生命法則的所有力量、性質與屬性，你身上也有。你會得出一個簡單的結論：你所看見及意識到的一切，都來自於不可見的無限心智（或者說生命法則），而所有的發明、創造或製作出來的一切，則來自不可見的人類心智，人類心智與神聖心智是一體的，因為只存在著一個心智。心智每個人都有，而每個人也是萬有的入口與出口。

現在就做一個明確的決定：把生命力量視為供應你精力、活力、健康及創意的源頭，也是提供你太陽、呼吸的空氣、所吃的蘋果、口袋裡金錢的源頭。因為萬物完全由不可見的內在與外在所構成，生命力量很輕易就能變成你生命中的財富，就像它可以隨意變成一片葉子或是一粒雪晶一樣。

步驟 2：現在，就在你的潛意識裡刻印下對於財富的概念。**這些想法會透過重複、相信及期待傳送到潛意識**。某種思考模式或行為只要一遍遍重複，就會自動化；而一旦形成強迫性的潛意識後，就勢必要將財富表達出來。這樣的模式與學習走路、游泳、彈鋼琴、打字及開車，如出一轍。當然，你一定要相信自己宣稱的肯定語內容，而不是胡言亂語，或是虛晃一招。務必相信自己所宣稱的事情，就像你相信「播下什麼種子，就會長出什麼植物」。不論你渴望與想

像的是什麼，它們都是你在潛意識心智中種下的種子。

請明白，你所確認的事物就像你埋在地裡的蘋果種子，種什麼就會長出什麼。你可以想像種子從你的意識進入到潛意識，並在內在空間中繁殖生長，你澆水、施肥，促進種子成長。要知道自己在做什麼，以及為什麼這樣做。你正拿著意識之筆在潛意識心智中書寫，因為你知道財富是存在的，正等著你去取得。

步驟 3：重複以下的宣言，早晚各五分鐘左右：

> 我現在將神聖的財富觀念寫進潛意識中。我的生活所需來自生命力量的供應，我知道它是在我之內的生命法則，而我知道自己活著，而且所有的需求隨時隨地都得到滿足。神聖的財富自由、歡喜且不間斷地流進我的體驗之中，我感謝這些財富始終在我的體驗中循環不息。

步驟 4：一出現匱乏的念頭，例如「我付不起這個旅程」、「我繳不出貸款」、「我沒錢付帳單」，便要馬上換成富裕與富足的想法。永遠都不要讓與財務相關的消極想法或說法輕易出現，這是必要的先決條件。只要一出現負面的念頭，就要立刻在心裡扭轉它，並聲明：「生命力量是我隨

時可以取得的永久性供給，這張帳單會在神聖法則的運作下付清。」假如某個負面念頭在一小時內出現五十次，每一次都要透過新想法及肯定語來扭轉：「神聖力量是我隨時可以取得的供給，現在立刻滿足我的需求。」一段時間後，財務匱乏的念頭會完全失去動力，你會發現潛意識已經往富足一端調整。舉個例子，假如你想買部新車，千萬別說「我買不起」或「負擔不起」這樣的話，因為潛意識會把你的話當真，擋掉你的所有好事。相反的，你要對自己說：「這車子正在待價而沽。這是神聖的想法，我憑藉著神聖的愛，會在神聖法則的運作下接受這部車子。」這是致富的萬能金鑰。

遵循這四個步驟，在實踐中啟動富足法則，讓它們在你身上應驗，人人都適用。心智法則對人人都有效，不分種族、信仰或地位。你真心實意接受的想法，決定你是富有或貧窮。所以，選擇生命帶給你的種種豐饒，就在此地，就在此時。

✦ 從失敗到成功的內在力量

一名業務經理推薦他的組員來我這裡諮詢。這位銷售人員是優秀的大學畢業生，對自家產品如數家珍。他所負責的

是利潤豐厚的業務領域，但每年到手的佣金卻只有三萬美元，而他的直屬上司（業務經理）認為他應該有能力將佣金提高兩倍或三倍。我跟這個年輕人聊過後發現，他的情緒低落，也明顯小看了自己：他已經形成了自己一年只能賺三萬美元的潛意識模式或自我形象，差點就直接表示：「這就是我的全部價值。」他說自己出身貧困，父母說他注定是窮光蛋。他的繼父總是告訴他：「你永遠不會有出息。你就是個不開竅的蠢蛋、窮鬼。」他那容易受影響的心智接受了這些想法，於是真的體驗到了潛意識所相信的匱乏與自我設限。

　　我向他解釋，他可以餵養心智新的生命模式來改造潛意識。於是，我給了他一份翻轉人生的簡易靈性配方，並交代他，任何情況都不能否定自己聲明的內容，因為潛意識會全盤接受他真正相信的。

　　每天上班前，他都會誦讀以下宣言：

　　　　我注定會成功，我為勝利而生。無限之靈就在我之內，祂絕不會失敗。神聖法則與秩序掌管著我的人生，神聖的平和充滿了我的靈魂。神聖的愛浸透了我的心智，無限的智慧以各種方式指引著我。神聖的財富自由地、歡喜地、無休無止地流向我。我在進步、在前進，

無論心智、精神、財務上都在成長。我知道這些真理正在滲入我的潛意識，也知道並相信這些真理會同類相隨，生生不息。

幾年後我又見到了這個年輕人，他已經脫胎換骨了。他說：「現在我對生活充滿了感恩，這幾年發生了很多好事。我今年的收入是十五萬美元，是去年的五倍。」他領悟到一個簡單的真理：任何銘刻在潛意識的東西都會在生活中發揮作用。這種力量就在你之內，你也可以有效運用它。

✦ 每個想法都具有創造力

最近我遇到一個以前在銀行工作的人，年薪是令人豔羨的六萬美元，但他想為妻兒賺更多的錢。於是，他開始了念誦肯定語的習慣：「全能的神給我即時的供給；我在各方面都得到了神的指引；無限之靈為我打開了新的門路。」他告訴我，幾個月前他得到了一個機會，現在他已經轉業到銷售部門。他對自己很有信心，斷然離開了銀行的鐵飯碗，開始全新的職業生涯。如今他的年收入達二十萬美元，足以支付所有費用，還有餘裕去做他想做的事，與家人一起享受美好

的生活。

這一切始於他內心的一個想法，一個富裕的想法。收音機是一個想法，電視是一個想法，汽車也是一個想法。你身邊的萬事萬物都是始於一個想法，然後才能在這個世界化為現實。

以下的冥想可以幫你建立信心，厚植財力：

> 我知道自己的未來，取決於我對神聖力量的信心。我相信一切的善，我現在便與真實的想法同一陣線，我知道未來將會吻合我慣常的想法與想像。我心裡或潛意識想什麼，我就會成為什麼樣子。從今以後，我心心念念的只有事實、正直、公正及所有美好的事物。我日日夜夜沉思默想這些事，我知道這些思緒是種子，將會為我帶來豐碩的收成。我是自己靈魂的舵手、自己命運的主人，因為我的想法與感受就是我的命運。

肯定語及宣言的目的，不在於改變永生靈或生命法則，也不是要左右上天。從昨日、今日到永恆，這不朽的力量始終如一。你改變不了它，但你會在精神上與它同在。你不能創造和諧，因為和諧一直都在；你不能創造愛，因為永生靈

就是愛，而祂活在你之內。你不能創造和平，因為永生靈就是和平，而祂安住在你之內。然而，你必須做此聲明：永生靈帶來的平安充盈著你的心智，永生靈的和諧就在你的家中、在你的皮夾裡、在你的公司裡，也在你的所有人生階段。所有的善及好事都向每個人開放。我們的宣言是為了調校心智，讓自己可以在每個妥善的時間點上接受賜予我們的禮物。因為永生靈既是禮物的饋贈者，也是禮物本身。

有一條可以引導你的大原則：唯有心智才能療癒我們的匱乏與局限。我們只需要在自己身上下功夫，因為一切都不假外求。內在想法會成真，終會顯化成外在的境遇。

等我們在自己的內在（潛意識）下足功夫，便會發現外在世界（我們的健康、財富及自我實現）精準地反映了我們內在的心智狀態。當你以肯定語反覆聲明，不論願景是什麼，如果能夠相信你已經得償所願，你將會擁有它們。這便是宇宙力量的基礎，不論你引導這股力量是為了療癒身體、求得事業成功、個人成長、達到目標或謀求物質利益，都會有一樣的驚人成果。一旦你說服心智相信你已經擁有渴望之物，內心深處（潛意識）就會接手讓它實現。

你可能會這樣想：「當我從常識判斷帳單只會越積越多、債主會追著我跑、銀行會催我還款……我又怎能說服潛

意識，讓它相信我有足夠的財富或生活可以變得美好呢？」
這當然行不通。如果你滿腦子都在想著債務與義務、欠了多
少錢，只會放大你的慘況。你一定要無視於感官世界，走向
無限的力量，這股力量就安住在你之內，並通過你的潛意識
與神聖溝通。

　　一旦潛意識將你的宣言視為事實，便會使出一切手段將
財富帶給你。宣言的目的就在於說服自己，讓自己確信所宣
告的事情是真實的。然後，潛意識便會讓這些事情發生。

　　如果你欠了一屁股債，有許多帳單要付，不要擔心。你
要看向源頭，那是源源不絕的。你要像農民那樣，他們只關
注栽種的作物而不是雜草，明白只要作物夠強健就能排擠雜
草，讓雜草完全沒有生存空間。當你所專注的全是好事、指
引、正確的行動、供給你所需的不朽源頭時，匱乏與局限的
想法自然會在你心中消亡，而不朽的源頭將會提供給你更多
的好事。

✦ 喜悅是財富的入口

　　歡喜是愉快、感恩、全然自由的感覺。滿心歡喜的人不
可能感到擔憂、焦慮或不自在，也不會有消極的負面想法。

這樣的人做什麼都不費力，而這種狀態正是強力吸引財富的心智狀態。

要領受歡喜，就想像並肯定歡喜。歡喜是生活的精髓，是生活的表達。不要像馬一樣拚命工作，這種精神與靈性療癒的技巧與意志力無關。只要知道並聲明歡喜正在流經你的身體，奇蹟就會發生。你會得到自由與平靜，而如果你的心態是平和的，你的錢包、家庭及人際關係也會是平和的，因為平和是神聖的核心力量。

有個女人對我說：「以前我的生活拮据，窮到孩子們都吃不飽飯。當時我只有五美元，拿著這筆錢，我說道：『神必以祂的財富與榮耀，來讓這筆錢大大增加，現在我擁有了上天賜予的財富，所有需求都在此時此刻得到滿足，也在我這一生中的每一天立即得到滿足。』」

她深信自己的宣言不是空口說白話，全能的神不會聆聽有口無心的學舌。你必須知道自己在做什麼，以及為什麼要這樣做。你必須知道自己的意識是一枝筆，而你正在用這枝筆書寫、勾勒你的潛意識心智。凡是你留在潛意識的印記，不論好壞都會展現在空間的屏幕上，並以活動、體驗及事件等各種形式具體顯現出來。因此，務必確保你留下的印記是有益的、討喜的。

　　她告訴我：「我的宣言差不多講了半個鐘頭，聲明我的所有需求會在當下與以後的每一天即時獲得滿足，當時有一股巨大的平靜感籠罩著我整個人。然後我拿著僅有的五塊錢去買食物，結果超市老闆問我要不要當收銀員，因為原來的收銀員剛剛離職了。我接受了這份工作，不久後我就嫁給了老闆。我們共同體驗到了生命的各種豐饒，一直到今天。」

　　這個女人直接向源頭求助。她不知道潛意識會如何執行她的指令，因為沒有人知道潛意識是如何運作的，她只是發自內心地相信自己擁有無限的祝福。所謂相信，就是活在你所渴望並信以為真的狀態中，活在永恆的真理中。她所求的好事都成倍增加了，因為注意力所在之處，必然會得到潛意識的強化。

　　神性與力量就在你之內，供你隨時差遣。你可以喚醒內在的神性與力量，因為這既是贈予者也是禮物本身，而且一切都已經交給你了。所以，你可以對準頻道，領受指引、正確的行動、美、愛、和平、富足及平安。你可以對自己說：「神聖的想法在我之內展開，為我帶來和諧、健康、平安與喜樂。」無論你是公司經營者、上班族、藝術家或發明家，只要安靜地坐下來說道：「無限智慧向我揭示新靈感、原創的好點子，並以無數的方式造福世人。」然後，坐等著美妙

的點子自動找上你。好點子一定會出現，因為在你的召喚下，無限力量會回應你。

無限智慧的本質就是回應世人。只要你召喚，回應就會應聲而至。不斷地肯定、宣告、感受及相信永生靈會讓你的好事加倍，每時每刻你都會在精神上、心理上、智識上、財務上及社交上有豐碩的回報。因為日常生活上的榮耀是無止境的。一旦你將這些真理烙印到潛意識，就等著看奇蹟降臨吧！當你讀到這裡時，請讓這些真理深深沉入潛意識——此事正在發生，你正在形塑潛意識。你越勤快，願望就越快轉移到潛意識，在財務及各方面都將會體驗到更好的未來。

提醒：小心你的想法與話語。不要談論經濟上的匱乏與局限；絕對不說自己貧窮或匱乏。與街坊鄰居或親友吐苦水，抱怨日子不好過、財務有問題，是非常愚蠢的事。算算你得到的祝福，開始想著成功、富足的念頭；談論神聖財富無所不在；意識到富足感會帶來富足。當你說自己入不敷出、幾乎一無所有、不得不縮衣節食時，這些想法是有創造力的，只會讓你變得更窮困。感覺自己有用錢的自由，付錢時要帶著歡喜，並相信神聖的財富會如雪崩般湧向你。

仰望永恆的源頭。當你轉向內在的神性時，必會得到回應。宇宙的生命力量會關照你，鄰居、陌生人及同事會擴展

你的好事及物質供給。練習在生活的各個層面祈求神聖指引，並信任無上智慧會憑著祂無所不至的榮光，滿足你的所有需求。放心大膽地做出宣言，勇敢迎向恩典的王座。

恩典只是精確有序地反映了你的慣性思維與想像。也就是說，無上智慧會回應你潛意識的思維與想像。因此，在生活的各個面向都要領受神聖的指引。等你養成了這樣的心態，便會發現無形的富足法則，將會為你開創有形的財富。

最近有個醫師告訴我，她一直以來自我宣告的肯定語是：「我開心地期待最美好的事物，而最美好的事物總會來到我身邊。」她學會了不從別人身上獲得快樂、健康、成功、喜悅與平靜。對於升遷、成就、財富、成功和幸福的期盼，她轉向內在，仰望全能的永生靈。當你一心一意地沉思冥想著升遷、成功、成就、啟示和靈感時，全能的靈會代表你行動，讓你的所思所想必定能充分表達。現在就放手，允許無限之靈動用祂無窮無盡的豐饒，為你打開新的道路，讓你的生命出現奇蹟。

✦ 強扭的瓜不甜？財富不是拚出來的

追求富裕時，不需要強求，也不要硬撐。難道你能讓全

能的力量再增添一分一毫嗎？難道你能夠迫使種子發芽嗎？你不能。你要做的，是把種子種到土裡面，它自然就會生長。橡樹由橡實生成，蘋果由蘋果種子生成，原型一直就在那裡，但你必須把原型放進土壤裡，它會在土裡死亡、解體，然後將能量釋出給自己的另一種存在形式。

　　一個有靈性的人看著一顆橡實時，看到的是一片森林。這便是潛意識的運作方式。潛意識會放大你的好事。所以不要硬撐，因為這種態度表明了你自己的信念。擔憂、恐懼和焦慮會壓抑你的好事，在你的生活製造障礙、延宕與困難。你所畏懼的終會落到你的頭上，你要反其道而行，所思所想都是你喜愛的事物。愛是情感上的依附，在你的潛意識中，愛是解決任何問題不可或缺的智慧與力量。

　　當你的意識傾向於關注外部情境時，往往會讓你不斷掙扎與抗拒。但是記住，心靜了，才能成事。定期讓你的身心安靜下來，告訴它們不躁動、要放鬆。等你的意識心安靜下來、樂於接受後，潛意識的智慧自然會上升到心智表層，於是你就能接收到解決方案。

　　有個經營美容院的老闆告訴我，她成功的祕訣是每天上午開店前，都會靜默一段時間冥想：

神聖的平和充滿我的靈魂；神聖的愛浸透我整個人。無限智慧指引我，讓我成功、給我鼓舞。我得到來自高我的啟示，這種療癒性的愛從我流向所有客人。神聖的愛流進我的門，又從我的門離去。每個來到這間沙龍的人都得到祝福、療癒與鼓舞。無限的療癒力穿透整間沙龍。今天是神創造的日子，我要為我的客人及我自己所得到的無數祝福而高興與感恩。

她將這些宣言寫在卡片上，每天開店前都要複誦這些真理。到了晚上關門後，她會感謝所有客人，宣告他們獲得了指引、成功、快樂與和諧，神聖的愛流經他們每個人，並填滿她生命裡的所有空缺。她對我說，這樣做了三個月後，店裡的客人多到她應付不過來，不得不雇用三個美髮師。她發現有效的宣言能夠帶來財富，讓她得到想像不到的成功。

✦ 信任你的潛意識

你的宣言能否成功，看自己有什麼感受就可得知。如果你仍然擔憂或焦慮不已，如果你很想知道會以什麼方式、在什麼時候、從什麼地方或什麼管道得到答案，你就是在干預，

這表明你不是真正信任潛意識的智慧與力量。避免整天跟自己嘮嘮叨叨，甚至偶爾叨念兩句也盡量不要。當你想到願望時，心情輕鬆愉快非常重要。提醒自己，無限智慧正在根據神聖秩序幫你辦事，這遠比你一直窮操心與拚命來得更有用。

如果你說「我得在下個月十五日之前弄到一萬元」或「法官必須在這個月一號之前裁決，否則我將會失去房子和公司」之類的，這就是心懷恐懼、焦慮、緊張的跡象。然後會發生什麼事？答案是阻滯、延宕、障礙及困難將會接踵而來。始終都要信賴源頭。記住，平靜與自信就是你的力量。如果你焦躁、緊張和擔憂，就意味著你沒有完全信任潛意識的力量，以至於無法仰靠這股力量帶來成功、富足、健康或平靜。回到源頭，走進你的心，在那個可以安止的地方對自己說──或者更精確來說，是重申以下這些真理：

　　有了信心，事情就能成。只要心智準備好了，那就萬事俱備，這表示我唯一需要做的，就是讓我的心智準備好去接受恩賜、指引、財富、答案、解決方案及出路。神聖之光在我之內閃耀，並穿透了我。永恆的平和充滿了我的靈魂，而定靜、自信是我的力量。

　　反覆念誦這些真理，你的心智會安靜下來，帶給你平靜。一旦心智不再躁動，答案便會出現。因為定靜、自信就是你的力量。無限智慧知道答案，因此你要學會放手與放鬆。不管遇到什麼情況，都不要把力量交託出去。你要將力量與忠誠都交付給無限，也就是在你之內的神性與力量。

　　以游泳來舉例，因為確信自己可以漂浮在水面，於是你不慌不忙，持續保持安靜、怡然自在的心態，水自然就會撐住你。相反的，如果你緊張害怕，繃緊了身體，就會往下沉。無論你追求的是財富、繁榮、成功、靈性療癒或任何事，都要感受自己在全能的懷抱中安歇，並意識到生命、愛、真理和美的黃金之河正在流經你，扭轉你整個人生，讓你的生命模式轉化為和諧、愛、和平與富足。感受自己在生命之洋中暢游，那種合一感會幫你充電、迅速恢復元氣。

　　下面的冥想會將許多美好的事物帶進你的生活之中。靜下心來，複誦下面的宣言，以全然的信心接受它：

　　　　這些真理滲入我的潛意識。我想像這些真理從意識進入潛意識，就像我將種子栽種到土壤裡。我知道我是個非常傳統的人，但命運由我開創。我信靠的是無限的存在，祂創造了萬事萬物，也包括我的財富。我堅信所

有美好的事物，並滿心歡喜地期盼著它們的到來，也只有最好的才會來到我身邊。我知道未來會有豐碩的收成，因為我的所有想法都是神聖的想法。神聖力量推動我那些正面的念頭，這些念頭是良善、真理、美及富足的種子。我現在將愛、和平、喜悅、成功、富足、安定及善意的念頭，播種在我的心靈花園中，這是一座神聖的花園。全能者的榮耀與美會展現在我的生命中，我知道自己的花園將會大豐收。從此刻開始，我要表達生命、愛與真理。我在各方面都充滿了快樂、富足，而永生靈還會讓我的好事倍增。

富足意味著成功、蓬勃發展、得到好結果。也就是說，當你富足時，無論是在靈性、精神、財務、社交或智慧方面都能得到擴展及成長。永遠都不要羨慕或嫉妒別人的財富、升遷或鑽石珠寶，因為那只會讓你變窮，讓匱乏和局限不請自來。

你應該為他人的成功、繁榮及財富而高興，真心祝福他們更加富足，因為給別人的祝福就是給自己的祝福。你怎麼看待別人，會在自己的心智、體驗及錢包裡創造出相同的情況。這就是為什麼你要為其他人的成功與富足而感到高興。

想要真正富足起來，你必須成為一個管道，讓生命法則可以自由、和諧、快樂及充滿愛地流經你。

我建議你建立一個明確的工作方式與思考模式，每天規律地、系統性地付諸行動。

有一個前來諮詢的年輕人，多年來一直有解不開的貧困心結。他的祈禱從來沒有應驗過，他口中祈求著富足，但心裡卻沉甸甸地壓著對貧窮的恐懼。可想而知，他只會吸引來更多的匱乏與局限，而離富足越來越遠。當兩個想法互相衝突時，潛意識會接受占上風的那一個。所以，改變你對貧窮的信念，轉而相信身邊充滿了神聖的富饒。

跟我談過後，他開始明白自己對富裕的想法與想像會創造財富；每個念頭都有創造力，除非它被其他更強烈的相反念頭抵銷掉了。此外，他也意識到自己對貧困的想法和信念，完全壓抑了他對身邊環繞著無限豐饒的信念。於是，他堅決地改變了想法。我為他寫了一份富足宣言（如下），你也能從中受益：

我知道只有一個源頭，那就是生命法則或永生靈，萬物皆由此流出。祂創造了宇宙，也創造了宇宙萬物。我是這個神聖存在的一個焦點，我的心智是開放的、樂

於接受的。和諧、美、指引、財富及無限的豐饒，都可以暢行無阻地流經我這個管道。我知道財富、健康和成功是從內在釋出，並顯現於外。現在，我與在我之內、之外的無限豐饒和諧共存，我知道這些想法正在滲入我的潛意識，最終將反映在空間的屏幕上。我希望人人都能得到生命的所有祝福。我是開放的，始終都樂於接受靈性上、精神上、物質上的神聖財富，也因此這些財富會像雪崩一樣朝著我奔湧而來。

這個年輕人的想法關注的是神聖的豐饒，而不再是貧窮。他特別小心，絕不否定自己的宣言。許多祈求財富的人，沒過一小時就否決了自己說過的話。他們說：「我負擔不起」、「我入不敷出」，糊弄自己的祈禱，簡直就像在用自己的口舌來扼殺一個報酬豐厚又令人滿意的機會。有些人即便眼前出現了完美的職缺，也會搬出五花八門的藉口來拒絕爭取：「我不夠資格應徵那個職缺」、「這樣一來，我一天的通勤時間就要花四個小時」、「這會犧牲掉我與家人相處的時間」、「我現在的工作也沒那麼糟糕」。他們三心二意——一方面想要那個職缺，一方面又否決它。除非他們整合好自己的心意，否則即使真的去應徵，也不太可能成功。

　　這就是數以萬計的人「追求」願望的方式。即使是投入新思潮運動的人，也是在半個鐘頭、一個鐘頭之後，便向潛意識發送出幾十條互相矛盾的訊息，讓潛意識深覺困惑、錯亂到無所適從，於是就什麼都不做。結果當然是一事無成，也就是做了白工。你不會把已經種在地裡的種子挖出來，所以也不要反駁你所宣告的事情。

　　這個年輕人鎖定了神聖豐饒的思維，不再去想貧窮，也不再說「我負擔不起」或「我買不起那架鋼琴或那部車子」這類的話。永遠都不要說「不能」一詞，這是天地之間唯一的魔鬼。當你說出或想著「我不能」，潛意識就會把你的話當真，把所有好事都擋在門外。

　　就這樣過了一個月後，這個年輕人的生活全面翻轉。他固定早晚花十分鐘冥想自己的宣言，緩慢地、靜默地將這些想法銘刻在腦海裡，他很清楚自己在做什麼，也相信這樣的做法，知道自己是真的在將這些真理編寫進潛意識，以活化潛意識並釋出它所深藏的寶藏。

　　這個年輕人已經做了十年的推銷員，原本前途一片黯淡，後來卻突然被提拔為業務經理，年薪七萬五千美元，外加優渥的福利。潛意識有你不知道的手段，如果你能將富裕的想法烙印到潛意識，就不可能貧窮；如果你能將成功的想

法轉移到潛意識，就不可能失敗。這是因為無限之靈無所不能。你是為勝利而生的，因此請用以下的肯定語告訴自己：「日日夜夜，我都在進步、前進與成長。神聖富饒給了我豐盛的一切享受。」

本章重點

◆

- 一旦金錢能夠在你的生命裡自由流通，你的財務自然會健康，就像血液循環暢通時，你自然會健健康康、充滿活力。

- 不顧一切地賺錢，人生會失衡、偏頗並充滿沮喪。

- 當你善用潛意識法則，錢要多少就有多少，同時依然保持內心的平靜、和諧、完整及自在。

- 神聖富饒是供應你能量、活力、健康及創意的源頭，也是提供你太陽、呼吸的空氣、所吃的蘋果、口袋裡金錢的源頭。

- 每天都要說：「我是為成功而生的，是為勝利而生的。無限之靈就在我之內，永遠不會失敗。神聖法則與秩序掌管我的人生；神聖的平和充滿我的靈魂；神聖的愛浸透我的心智；無限智慧以各種方式指引我；財富自由地、快樂地、無窮無盡地流向我。我一直在進步、前進，我的心智、精神及財務等方面也在成長。我知道這些真理正在往下滲入潛意識，我知道並相信這些真理會同類相隨，生生不息。」

- 不斷地肯定、聲明、感受及相信神聖存在會帶給你極多的好事，你就會每時每刻在靈性、精神、智性、財務及社交等方面都得到增益。

- 當你將永恆真理銘刻在潛意識中時，就會看到奇蹟在你的生活中發生。

重新設定潛意識

許多人從出生那一天起，就受到負面思考模式的影響，因而受苦。或許別人說他們的目標高不可攀，或許別人引導他們相信「金錢是萬惡之源」。這些信念持續被送進了潛意識，後來又顯化為現實世界的具體經驗。如果你是負面思考的受害者，就必須重新設定潛意識，輸入新的正向信念。

想了解如何以潛意識的力量來創造財富，就要更仔細地檢視這種現象是如何運作的。

想像你在催眠狀態下，負責邏輯推理的心智停擺了，而你的潛意識正在聽從暗示。假設催眠師說你是你們國家的領袖，潛意識會接受這個暗示而視為事實。潛意識與心智不同，它不會推理、選擇，也不會分辨真偽。你會擺出與元首相稱的威嚴架勢與氣質，因為你相信這是國家領袖該有的樣子。如果催眠師給你一杯水，並說你喝醉了，你也會全力扮演一個醉漢的角色。

如果催眠師知道你對貓尾草過敏，然後他將一杯蒸餾水放在你鼻子下，並說那是貓尾草，你身上就會出現過敏的全部症狀；你實際的生理反應，就像那杯水真的是貓尾草一樣。

同樣的，假如催眠師說你一窮二白，你的態度會立刻變得不一樣，露出一副向路人尋求資助的卑微態度。

簡單來說，催眠師能夠讓你相信自己是任何東西，例如雕像、狗、軍人、游泳選手，而你會依據催眠的指示，憑著自己對暗示事物的全部認知，以驚人的忠實度演出催眠師暗示的內容。

還要記住，對於不同的兩個念頭，你的潛意識永遠會接受壓倒性的那個念頭。也就是說，潛意識會毫不質疑地接受

你所堅信的事情，不管它是對或錯、是真或假。無限智慧就存在於潛意識中，不論我們對祂的稱謂是上帝、主觀心智（Subjective Mind）、永生靈、宇宙力量（Cosmic Power）、阿拉、梵天（Brahma）、耶和華、大靈（Great Spirit）或我是（I Am）。重點在於，祂就在你之內。無限的所有力量，就在你之內。

無限的所有力量，就在你之內。

永生靈沒有面孔，也沒有具體的形象。祂超越時間、空間，永恆不朽。永生靈存在於我們所有人之內，神聖國度也在你之內，這意味著你的所思所想、你的感受、你的想像，全都有祂的存在。也就是說，你不可見的部分就是永生靈——祂是你內在的生命法則，是無邊無際的愛、絕對的和諧，也是無限的智慧。

一旦知曉你可以透過想法觸及到這股無形的力量，就可以將整個祈禱過程從神祕、迷信、懷疑及不可思議中剝離出來。神聖的想法可以被表達為天地萬物，跨越可見與不可見的所有一切。就像造物主號令萬物形成一樣，你的每個想法同樣蘊含著驚人的創造力，並依據想法的性質在生活中顯化

出來。顯然的，一旦你發現這種創造力，就表示你已經發現了存在於你之內的全能源頭。透過潛意識的力量，你擁有了這種無限的創造力。

✦ 克服負面的制約模式

從嬰兒期開始，多數人就開始接受負面的暗示。由於不懂如何拒絕或阻擋，於是我們在不知不覺中接收了這些暗示。例如，大人可能再三告誡你這不能做、那不能做，讓你養成了自暴自棄的心態。也許有人對你說：「你永遠成不了大事。」結果你有了不如別人的心結。此外，有人可能還會對你說：「千萬別做，你會失敗的」、「你沒有勝算」、「你錯了」、「那沒有用」、「有本事不如有人脈」、「這個世界越來越糟糕」、「那又怎樣？」、「沒有人在乎」、「再怎麼努力也沒用」、「你老了，記性不行了」、「狀況越來越糟了」、「生活只是無休止的折磨」、「愛一文不值」、「你到死都贏不了」、「你很快就要破產了」、「小心，你會感染病毒」，以及「誰都不能相信」。

如果你接受了這些負面暗示，就是允許潛意識接受一種非常負面的設定。於是，即便現在的你不認為自己不如別

人、能力不足，或是不感到恐懼、焦慮或生病，以後還是有很高的風險發展出這些狀態。

除非你在長大成人後，重新為潛意識輸入有建設性的設定，亦即所謂的「再制約療法」（reconditioning therapy），修正在潛意識留下的舊印記，避免舊印記引發的行為模式，導致你在私領域與社會生活上的挫敗。重新設定潛意識，是讓自己擺脫所有負面言語制約的方法，否則這些制約會扭曲你的生活模式，讓你難以培養有益的想法與信念。

在每天數以百計的新聞中，很多都夾帶著無益、恐懼、擔憂、焦慮及大難將至的種子。如果你接受了它們，這些負面想法有可能會讓你失去生存的意志。幸運的是，只要為你的潛意識灌輸有建設性的自我暗示，就能完全將這些破壞性的想法抵銷殆盡。

你還要小心他人帶給你的負面暗示，你不需要讓有害的負面言語影響你。每個人在童年和青少年時期，都可能遭受過負面暗示的折磨。如果你回顧過去，應該不難想起父母、朋友、親戚、老師或同事曾經如何以負面的暗示來左右你的想法。研究他們對你說過的話，你會發現其中很多都是說教的形式。他們會說那些話，目的就是為了控制你，或挑起你的恐懼。負面暗示相當普遍，幾乎每個家庭、學校及職場上

都可見到。

✦ 建立新的思路

你有能力拒絕負面的暗示，並用正面的思考模式來取代。舉個例子，查爾斯脾氣不好、暴躁易怒，因為經常有人說他「無趣」或「衝動」，或是說他欠缺做某件事所必備的才華，這些都讓他氣餒又沮喪。他要解決這個問題，一個辦法是每晚就寢前及晨間、午後安靜坐下來，為自己說出以下宣言：

> 從今以後，我會越來越風趣，擁有更多快樂、幸福及平靜。每一天我都會變得更討人喜歡、更善解人意。我現在成為散發歡樂、真誠及善意的中心，用良好的幽默感來帶動別人。這種快樂、喜悅、輕快的心情已成為我正常、自然的心境，對此我充滿了感恩。

查爾斯可以將想要的人格特質編寫進潛意識，他可以重新設定心智，可以改變心智的傾向。由於強制性是潛意識的本質，因此他會不由自主地變成一個隨和、親切、善良的人。

　　他可以反覆地使用這些宣言來提醒自己，他正在將這些宣言寫進深層心智（潛意識）中。就如前面所言，任何留在他潛意識中的痕跡，都會以具體的形式、作用、體驗或事件顯化出來。因為生命就是從潛意識的核心迸發出來的。

　　你也可以用同樣的方式重新設定你的潛意識。在你生命的每一個早晨，安靜坐下來，放輕鬆，做以下的自我宣言：

　　　　神聖法則與秩序支持著我的生命，最好的行動是我的指引，最好的成功屬於我。神聖的和諧是我的；神聖的平和充滿了我的靈魂；神聖的愛浸透我整個人。神聖的富足是我的，神聖的愛在今天與每一天都會為我開道，讓我走的路筆直、順暢，充滿喜悅與榮耀。

　　經常重申這些真理。這些真理在你一再重申、相信及期盼下，會逐漸進入潛意識中。凡是留在潛意識的任何痕跡都會被強制執行，因此你勢必會過上和諧、平和及有愛的生活。

✦ 擺脫擔憂及恐懼

　　許多人的生活充滿了焦慮、害怕，或甚至是驚恐，這些

全都不利於潛意識的運作。擔憂與恐懼等負面想法，其能量來自於相信這些念頭極可能成真的預期心理。當你生起擔憂或恐懼的念頭，就是在將負面的想像植入潛意識，這非常危險。擔憂與恐懼常常會引發健康問題。

　　《治療背痛：身心的連結》（暫譯，*Healing Back Pain: The Mind-Body Connection*）作者約翰·薩諾醫師（Dr. John Sarno）估計，他有近八成的病人患有緊張肌肉壓縮症候群（tension myositis syndrome, TMS）——由情緒或心理壓力引發的肌肉組織發炎。他認為這是潛意識為了阻止心智注意到痛苦的壓抑情緒，於是減少了血液流向身體的某些部位（部位因人而異），於是導致了各種身體毛病，藉此來轉移患者的注意力。薩諾醫師教導病人如何讓心情平靜下來（有時會借助肯定語），結果症狀（他八〇％的病患）都消失了。除了背痛，薩諾醫師還認為與 TMS 有關的病痛還有免疫系統的問題（包括過敏與氣喘）、各種冠狀動脈疾病（包括高血壓和心悸）、頭痛／偏頭痛、腸胃問題及癌症等等。

　　恐懼與擔憂也以類似的方式，對我們創造財富的能力產

生負面影響。以股市為例,投資人經常為了規避損失而讓資產大失血——在市場低迷時擔心虧損,於是在最糟的時間點拋售股票。恐懼與擔憂也會讓我們更不喜歡冒險,例如有人可能因為房價關係而選擇買更便宜的房子,即使售價較高的房子是更好的長期投資。規避風險也可能妨礙人們創業,轉而接受責任更沉重的新職位,或是不敢投資優質的發明或生意,阻斷為自己創造財富的機會。你只要看看世界上最富有、最成功的人,就會發現他們絕大多數都是樂觀主義者,對於承擔風險有強烈的興趣。

✦ 讓理性的腦靠邊站,改用感性的心思考

「一個人的內心或潛意識怎樣思考,就會成為什麼樣的人 *。」他或他的行為、經歷以及個人表達都會與潛意識看齊,這就是宇宙法則。

我說的不是大腦怎麼想,而是「心」怎麼想,也就是潛意識真正相信的事。凡是烙印在潛意識的內容都會被表達出來,請記住,與潛意識打交道,就是在與神聖力量打交道。

---

* 聖經《箴言》第23章第7節:「因為他心裡怎樣思量,他為人就是怎樣。」

這是全能的力量，是推動世界的力量，也是推動宇宙各個星系的力量。沒有任何東西可以與之抗衡。意識是神聖的存在，而無條件的意識被稱為覺知，也就是「我是」、永生靈。你的整個意識涵蓋了意識與潛意識，亦即整個心智。這是你所接受的、相信的、理解的、信奉的所有東西的總和，是你唯一認識的神聖存在。

想法與感受創造了你的命運，如果一心想著貧窮，將會永遠貧窮；想著富足，將會永遠富足。你的整個意識是你生命唯一的創造源頭，而想法與感受、意識與潛意識則創造了你的所有經歷。不論你的意識或潛意識（亦即腦與心）同意讓什麼發生，同意什麼是真什麼是假、什麼是好什麼是壞，做選擇的人永遠是你，是你形塑、打造了自己的命運。你對神聖的信念決定了自己的命運，因此你要信奉的是神聖的良善、是神聖智慧的引導、是無限的美與榮耀。這才是你應該信之奉之的對象。

有個男人對我說他想要成功、想要出人頭地，但其實他的潛意識恰恰相反，完全是一種失敗的模式。他充滿了罪惡感，覺得自己應該受到懲罰。沒錯，意識要求他必須勤奮工作，他的理性大腦說：「我工作很努力。」但他的深層心智（潛意識）所接受的，卻是失敗的設定。自卑感、覺得自己

不配的心態，讓他永遠無法成功。他內心所想像的，都是失敗的畫面，也覺得自己罪有應得。

現在你已經知道，潛意識的法則是強制性的。它是原動力、是全能，也是神聖的力量。後來這個人學會了重新設定心智，明白自己為勝利及成功而生。因為無限的力量就在他之內，絕對不會失敗。祂是全能的，創造出宇宙萬物。沒有任何事物能夠反抗祂、挑釁祂、阻撓祂、削弱祂。因為祂是全能的，是唯一的力量。

不僅如此，他還明白是他在懲罰自己。為了**翻轉**命運，他每天早、中、晚都會念誦以下的自我宣言：

> 我為勝利而生。無論是精神生活、人際關係、選擇的工作、人生的各個階段，我都注定會成功。因為無限之靈就在我之內，而無限之靈不可能失敗。在我體內流動的力量是全能的，這是我的實力、我的力量及我的智慧。成功是我的、和諧是我的、財富是我的、美是我的、神聖的愛是我的，富足也是我的。

他一再重申及冥想這些真理，開車行駛在路上時、在見客戶之前，他都會如此提醒自己。他規律又系統性地宣告這

些真理，而且絕對不否定自己所聲明的內容。

於是，他越來越成功，因為他順利地將潛意識轉化為正能量的產生器，肯定自己內在的力量與智慧，領受成功、和諧、財富及富足，並認可自己與至高無上的存在是一體的。一旦你能夠規律且系統性地這麼做，生命就會出現奇蹟。

✦ 所有神聖力量都在你之內

所有的神聖力量都在你之內，而神聖智慧的法則與真理也寫在你的主觀心智裡。在你人生的每個夜晚，同樣的智慧支持著你身體的全部重要器官：呼吸、血液循環、消化及心跳等等。

這是在你之內的神聖存在。神聖存在與力量就在你之內，不朽的偉大真理也在那裡。在你出生之前，它們便銘印在你的心上。但是，我們所有人從出生後就被不斷地輸入程式，數以千萬計的人接受了恐懼、虛妄的信念、禁忌、苛求與迷信等負面設定。正如新思潮運動的先驅菲尼斯·帕克斯特·昆比（Phineas Parkhurst Quimby）在一八四七年所說的：「每個孩子就像一塊小小的白板，祖父母、神職人員、父母親、兄弟姊妹，每個人都可以走過來在上面寫點東西。」

　　我們接收到如雪崩般湧來的景象與聲音、信念與觀點、恐懼及懷疑。你出生時無所畏懼（或許只害怕摔落），沒有成見或偏見，對生命力量也沒有錯誤的概念。所以，你是從哪裡得到這些東西的？它們都是別人灌輸給你的，別人給你輸入程式，或許還是負面的：許多人都曾經被說過自己是落在憤怒之神手中的罪人。*

　　我從小接受的教導是，如果一個孩子在七歲之前被灌輸某種宗教信仰，那麼這個孩子的信仰就很難改變。當然，改是能改，只是難度相當高。小時候的我們很容易受到影響，也容易接受教導。年幼的我們會順從及聽進他人的話，這種容易接受的開放狀態可以是好事，但前提是我們的父母師長會提供正確的訊息及明智的指導。但如果他們自己已經被誤導了，便會成為謊言及錯誤信念的來源。身為孩子，我們未必懂得去挑戰或拒絕他人的謊言及負面訊息。結果，我們對於神聖存在、生命及宇宙，便有了許多虛假的信念與錯誤百出的觀念。

　　你的信條或宗教信仰從何而來？這絕對不是天生的。那

麼,那些想法是真的嗎?合理嗎?符合邏輯嗎?有證據背書嗎?舉個例子,派特相信算命師所說的,認為自己拿了一手爛牌。但事實不是如此,那些都是謊言。神聖存在是所有靈性、能量及物質的源頭,不可能特意去刁難某個人,除非當事人自己這麼想。派特有能力認同或拒絕這個謊言,如果他認同謊言,謊言就會成為自我實現的預言,也就是說他搬起磚頭砸自己的腳。相反的,如果他駁斥謊言,相信了恰恰相反的真相,認為牌面對他有利,他就會得到相應的回報。

每個人潛意識的假設、信念與相信的事,會決定並控制自己所有的自主行為。如果派特接受算命師的謊言,這虛假的信念便會在他的心智裡興風作浪。他或許會疑神疑鬼地認為別人處處針對他,或是懷疑災厄會落到他頭上,甚至認為自己被詛咒了。如果他相信謊言,謊言便會成為他的法則,他為自己制定的這個法則將會掌控他的思想與行動,終至決定他的未來。

✦ 想做什麼,都有選擇的自由

每個人來到這個世界,都是為了成長、學習,以及釋出禁錮在內的榮耀。當我們呱呱墜地時,能力尚未充分發展,

所以你是為學習而來的。你來到這裡磨礪精神與靈性的工具，每當你克服難關或精通某種能力時，歡喜便油然而生。你不是機器人，你有選擇的自由，有意志及主動權。這便是你發掘個人神性的方式，除此再沒有第二條路。沒有人能強迫你做個好人，本能也無法讓你乖乖聽命行事；因此，無論你想成為什麼樣的人，你都有機會。

我在你面前拉著一扇敞開的門，沒有人能夠關上它。想想所有的真實、討喜、高貴、神聖的事物，日日夜夜念茲在茲。你可以開始重新調整你的心智，可以想像自己正在做想做的事，因為你終會走向所預見的願景。你的願景是你所見的、所想的及所關注的未來。當你持續專注在美好的事物上，深層心智會回應你，讓你不得不向著光明前進。因為這股全能的力量，會為你採取行動。

早、中、晚三次複誦這些真理。最後，真理會深入你的潛意識。凡是留在潛意識的內容，都會從潛意識進入現實。你要謹守你的心，勝過謹守一切*，務必確保只有神聖的想法與點子進入你的深層心智。一遍遍地聆聽古老的真理，直到它們成為潛意識的信念。聆聽絕對的真理：除了我是，再

---

* 編按：出自聖經《箴言》第4章第23節。

無其他。唯一的力量、唯一的存在、唯一的原因,以及唯一的物質。你要選擇良善而正確的行動,向每個人散播愛、和平與善意。

一旦烙印在心上,神聖想法便勢在必行,引領你保持良善並採取正確行動。有人能夠自動自發,主動向自己一再重申:「無限智慧指引著我,我的所作所為都是正確的。正確的行動屬於我。」他們會在早、中、晚複誦這些真理,因為宇宙間存在著正確的行動原則及指引,無論在哪個立足點都能啟動這個原則。那些聲稱擁有財富及豐盛的人都能點石成金,他們所接觸的一切都會變成黃金。

有些人會隨身佩戴護身符或吉祥飾品,例如十字架、聖人墜牌、佛像或其他的宗教象徵,以便時刻記住自己有全能的力量護佑。但是,你不需要這一類的東西來提醒自己的內外在都存在著神聖力量。你的主要目標是將這些真理融入靈魂,因為透過意念,你可以與神聖智慧立即相通,明白神聖力量將會滿足你的全部需求。你可以提醒自己:「永生靈會憑著祂的豐饒與榮耀,供應我的一切所需。我在靜定及信心中找到力量。」請記住,這些真理必須從你的大腦(意識心智)傳遞到你的心(潛意識心智),才會產生效果。

你要先吃下蘋果,身體才能獲取蘋果的營養物質。同

理，你必須先吸收並消化這些真理，才能從中得到好處。只是單純複誦，無法讓上天豎耳傾聽，你必須吸收、消化並融入靈魂（心）之中。因此，規律地反覆向你的心智聲明這些真理，你會越來越相信只有唯一的力量存在。你內在的「我是」就是你的造物主，這將成為你心智中絕對的哲理。這種神聖力量是全能的、無所不知的，一天二十四小時、一週七天、一年三百六十五天都任你差遣。

✦ 決定命運的信念選擇

你的主不在外面，而是你心裡占主導地位的想法或信念，那是你堅信不疑的。假設你相信神是慈愛的，並將此信念奉為圭臬，這便是左右你所有決定及行動的主導力量。你對祂信之奉之，忠誠又虔敬。那是你的主、你的主人，然後你的人生將會平安又美滿。

有些人深信是外在環境決定了他們的命運，而有些人則無視於外境，認為命運掌握在自己手裡。但凡相信神聖智慧、無限供給及無所不能的上天都站在自己這一邊的人，沒有什麼可以阻擋他的成功與富裕。相反的，也有人認為是社會不公才讓自己一生注定貧困，或抱怨因為父母失職而沒能

讓自己建立自信與自尊，或是雇主沒能以公平條件來雇用及提拔員工。這兩種人都沒有錯，因為是他們的信念形塑出他們的現實環境，但只有前者的主導想法才是正確的。或許，覺得自己身處劣勢的人，在成功之前必須克服更多的挑戰，但在他之前，早就有許多人也遭遇過同樣的逆境並成功克服了；換句話說，他絕對有能力排除這些困難，唯一阻礙他前進的是支配他人生的主導想法，而不是他所面對或認知的外在條件。

兩個巴西男孩在同一個貧困地區長大，他們都生長在充滿愛及關懷的家庭中。兩個人上同一所學校，跟同一群附近的小孩在同一個公園踢足球。他們一個相信唯一的致富之道是爭奪資源——從別人手中搶奪資源。他跟狐群狗黨一起混，在當地店家行竊，或趁別人上班時闖空門。他一直都在掙扎求生，小時候偷雞摸狗，年紀稍長後，則犯下更嚴重的罪行。另一個男孩相信無限的富足，也相信財富可以被創造出來。他的母親每天早上都會烤麵包，讓他騎自行車去市場販賣。終於他存下了一筆錢，又借款補足差額後，去了美國。到了美國後，他租影片來惡補英文，每天都要學習好幾個鐘頭。他從食物分發站和教堂領取食物和衣服，並打兩份工來養活自己及寄錢給巴西的母親。有了工作上的人脈後，

他找到了一份銷售有線電視和網路服務的工作，很快便成為所在地區的頂尖業務員，最後升遷為區域業務經理，年薪十萬美元外加佣金。

這兩個男孩的關鍵差異，在於心中的主導想法。其中一個男孩的主導想法讓他走上犯罪人生，而另一個男孩的主導想法讓他擁有成功的事業。不是客觀的外在環境決定了這兩個人的人生，而是他們各自的想法、選擇及行動創造了自己的現實環境。

沒有意識的加持，外境不會有任何力量。你的意識包括了兩部分：有意識的心智及潛意識的心智，而做選擇的是你的意識心智。

潛意識心智會根據我們的慣性思維與想像來回應，也就是老話所說的「怎麼收穫，怎麼栽」。我們播種在潛意識的內容，會被表達出來。當我們在電腦輸入錯誤的數據或有瑕疵的程式碼後，電腦當然會給出錯誤的答案。同理，我們應該給潛意識灌輸有益於生命的模式。

✦ 凡你堅信的，都會成為創造力

以肯定語組成的宣言是一種心理行為，你的心智必須接

受宣言所描繪的畫面，潛意識才會讓它生效。你必須先讓心智達到無條件、零異議的接受及認同狀態。在這種沉思默想中，你預見了自己的願望一定會實現，所以應該會生出喜悅與安止的感受。

想要讓潛意識的設定發生作用，就得對潛意識運作的技巧及科學有堅實的良好基礎，你必須了解並完全相信：意識心智的任何動作都必然會得到潛意識心智的明確回應，而潛意識心智與無限智慧及無限力量是一體的。要建構一個想法，最簡單、最明顯的方法就是觀想──盡可能將你的想法具象化，從心靈之眼去觀看那個活靈活現的畫面。肉眼只看得到已經存在於世界的東西，而現在你要透過心靈之眼去觀想已經存在於心智中、但尚未能以肉眼可見的事物。心智中出現的任何畫面，是建構你渴望之物的材料，也是未見之物存在的證據。你在想像中建構出來的東西，就像你任何的身體部位一樣真實。想法與點子是真實的，如果你由衷相信心像，總有一天它會在你的客觀世界出現。

思考的過程會在心智留下印記，然後這些印記會顯化為生活中的事實與體驗。建築師想像自己想要的建築形式，他們在心靈之眼看到建築，並渴望在真實世界建造出來。他們的想像與思維過程成為模板與模型，或美或醜，可能是高樓

大廈，也可能是低矮的建築。建築師會把他們看到的心靈畫面（心像）投射出來，畫在紙上。

最後，建商與工人找來必要的建材，按照建築藍圖施工，完成後的建築物會完全符合建築師的心靈模型。

你可以使用相同的觀想技巧。首先讓轉動心智的輪子停下來，想像一下，如果你有了需要的所有錢後，你會成為什麼樣的人、想做什麼，以及想擁有什麼。想像你會住在什麼樣的房子裡，你在職場或事業上會做什麼；想像你的穿著、你開的車子；想像那些你幫忙圓夢的對象，想想那些因為你而讓生活變得快樂的人。在你的心智中建構畫面，盡量填滿你所能想到的具體細節。要知道，一個畫面勝過千言萬語。

凡是深信不疑的畫面，潛意識都會讓它成為現實，這是美國心理學之父威廉・詹姆斯（William James）一再強調的事實。表現得像是你想成為的人，就能如願以償。扮演好你心智中的角色，一舉手一投足都像你已經成為所渴望的那種人。一遍又一遍地這樣做，漸漸地就會滲入你的深層心智，於是奇蹟發生了。

> 表現得像是你想成為的人，就能如願以償。

　　我們現在就要覺悟走向正道，既不彎向右邊，也不會拐到左邊。你踏上的道路是神聖道路，所有神聖道路都是愉快的、和諧的。臣服於神聖的指引，覺知到神聖的智慧正在指引你。你在人生中採取正確的行動，而永生靈就在前面引導你，讓你所走的道路不彎不繞，充滿喜悅與榮耀。從現在起，你走的康莊大道是主的道路、是佛陀的中道、是耶穌狹小的窄門*，也是通往麥加的朝聖之路。你的康莊大道是正道，因為你主宰自己的所有想法、感受與情緒。派愛的使者去吧，祂們是神聖的使者——神聖的愛、和平、光明、美在從今以後的每一天，都走在你的前路上，讓你的道路筆直，充滿美、喜悅及快樂。永遠都要走在正道上，如此一來，不論你走到哪裡，都會遇見和平與喜悅的神聖使者。走在通往山巔的路上，當你的眼睛仰望上天，路上就不會遇見邪惡。步行、開車，或搭乘火車、公車、飛機時，都要認知到永生靈始終環繞著你。祂是你不可見的神聖盔甲。你自由、快樂、充滿愛地從這裡到那裡，上主之靈在你身上，使得每條路都成為康莊大道，因為神聖力量與智慧就安住於你之內。

　　你對神聖存在的信念是強大的。要知道，靈性氛圍會先

---

* 譯註：在《聖經》中，窄門通往永生，寬門通往滅亡。

你而行，讓你的道路變得筆直、美麗、喜悅、快樂和繁榮。意識到神聖的愛充滿了你的靈魂，神聖的平和在你的心靈滿溢，並且意識到你內在的神聖力量正在引導你，祂的光照亮了你的前路。要知道供需法則是完美的，能夠讓你即時連結到所需要的一切，你到哪裡都會得到神聖的指引。你正在以一種美妙的方式來貢獻才華。《以賽亞書》有言：「我要引瞎子行不認識的道，領他們走不知道的路。」

本章重點

- 想要運用潛意識的力量創造財富，一定要先聽聽你每天都在跟自己說什麼，正視這些話可能如何阻礙你邁向富裕與幸福的道路。

- 很多人從小就被輸入了負面程式，輕易地接受他人的暗示，我們必須一步步將這些虛妄的暗示轉換為正面的想法。

- 每天早晨安靜坐下來、放輕鬆，然後說出以下宣言：「神聖法則與秩序支持著我的生命。神聖的正確行動是至高無上的；神聖的成功是我的；神聖的和諧也是我的，神聖的平和充滿了我的靈魂；神聖的愛滲透我整個人；神聖的富足是我的。神聖的愛在今天與每一天都會在我前面開道，指引我走上筆直、喜悅及光輝燦爛的道路。」

- 想法與感受創造了你的命運。如果你認為自己很窮，或是厭惡富裕或有錢人，你將永遠貧窮。相反的，心裡想著富足，你就會富足起來。

- 潛意識會根據我們的慣性思維與心像來回應。我們在潛意識的沃土上栽種什麼，便會收成什麼——我們在潛意識留下的印記，會顯化在生活中。

- 神聖存在以其無限的豐盛供給你所有需求。

- 安靜與自信會帶給你力量。神聖的真理必須進駐你的大腦，並在你的心裡感受到。

- 從感覺到行為都要像你的渴望已經實現，正在成為你想成為的人、在做想做的事，以及擁有你想要的東西。一遍又一遍地在你心裡扮演這個角色，並逐漸地滲入你的深層心智中，你的想像將會在現實生活中顯化成真。

CHAPTER

3

———

運用想像力致富

閒置的腦袋是魔鬼的工坊，而想像力是神的工坊。渴
望＋願景＋信心＝想要的結果。記住，凡是你渴望
的、想像的、相信的，潛意識都會找到辦法來實現。
致富方程式就是強烈的致富欲望＋清晰的致富願景，
再加上對自己已經或很快就會致富的堅定信念。

　　想要實現任何願望或滿足任何需求，一定要在腦海中描繪出所求已經成真的心靈畫面（心像），並注入渴望、感恩、熱切的期待等等的正向感受，以及真心相信願望會實現。僅僅是想著或祈求事情發生，而沒有全心全意地相信事情會成真，這是不夠的。

　　要確實啟動潛意識，可以採取以下步驟：

1. 把你想要的，生動地觀想出來。例如，你可能會想像自己是照顧病人的醫師、開著豪華新車、寫電影劇本，或是因為一個新發明才剛收到一張高額支票……在心智中清楚地把你的渴望具體勾勒出來，這是個關鍵。

2. 為你的渴望注入正向、積極的情緒，例如你對觀想對象的殷切期待（信心）。正向、積極的情緒是一種能量，觀想的畫面要有這些正向的能量，才能將畫面從意識心智傳遞到潛意識心智。

3. 找出一個詞或一句話來代表你所求如願後（包括成為什麼樣的人、正在做喜歡的事，或擁有某個東西）的感受，例如「這是我的」，或一句簡單的「謝謝」。重要的是，你要在心智中把這個詞或這句話與心像連結起來，就像你觀想的畫面已經在現實生活中成真了。

4. 進入放鬆狀態，並一直重複步驟 3 選定的詞或一句話，每一次當你說出這句話時，都要有所求已經如願的真實感受。例如，如果你想要的是錢，就要有「我現在很有錢」的滿足感。

以上練習每天至少做三次，一次至少十五分鐘，以強化你會如願以償的信念。長期下來，正向的畫面會轉移到你的潛意識中，而你內在的創造力會找到方法、調度資源，好讓你渴望的事成為現實。

不要向外界祈求任何東西，這種祈求完全不同於調動創造力。你內在的神性，必須與流經所有可見與不可見事物的神聖力量與智慧連結在一起。要動員你內在神聖的創造力，必須進入所求如願後的那種意識狀態，也就是沉浸於我的存在、所做的事或想擁有的東西都已經成真的那種感受中。你想要的事業、金錢和感情，可以透過意識狀態下的畫面及具象化等形式創造出來。

沉浸在這種情緒中，直到你心中**充滿**了「所求已經如願」的感受，一直持續到你的渴望逐漸消散，心情平靜下來為止。這時在你的潛意識中，你的渴望已經獲得滿足了（對於已經擁有的東西，就不會再生出渴望了）。如此一來，你

在潛意識所創造的畫面必定會在客觀世界出現，只是時間早晚而已，也許是馬上，也許要等上幾天、幾週或幾個月。至於你的渴望以何種方式實現、多久會實現，那就不是你能插手的。放手將細節交託給潛意識與你內在的神聖力量，因為實現的方法與手段往往超出人類理解的範圍。

✦ 願望是生命的禮物

願望是神聖的禮物，它是生命透過你來表達它自己的一種方式，因為你是神聖的一個管道。你來到這裡，是為了以思想、言語和行為來展現你的神性。你的基本渴求是表達生命、愛、真理與美。這必然是真的，因為永生靈就是生命，而神性是生命的本質。生命的一個自然傾向是展現自己，而無限的「一」不會想在受到任何限制的情況下來表達自己。因此，無論對任何人來說，死亡、痛苦、貧窮或苦難都不是永生靈的意願或渴望。

生命不會為了表達死亡而自尋死路，那太荒謬了。生命是完整的、合一的，在整個宇宙中，生命總是以和諧、健康、和平、有序、對稱及正確的比例來表達它自己。整個宇宙是一首和諧的讚美歌，反映出「秩序是天堂的第一法則」*

的偉大真理。

你可能會說：「我的願望或許不是出自於永生靈的旨意。」如果你的願望、想法或意圖是為了表達更寬廣的生命，如果你的願望吻合了良善的宇宙法則（亦即合一、有序及對稱），那便是永生靈對你的願望。「無限」的神聖力量，意味著不想有任何的束縛或限制。基本上來說，人性本善，因為神性就安住在我們所有人之內。我們的惡行以及惡行帶來的痛苦，都是精神脫離常軌、對恐懼的認知、恐懼症及情結的產物。

如果沒有願望或欲求，你不會閃避迎面而來的車子。因為有了願望，農人栽種穀物、玉米與各類種子——他們希望養活自己、家人與其他人。想要繁衍後代的渴望，促使你尋求伴侶。願望或欲求是推動我們向前走及力爭上游的動力，愛迪生家喻戶曉的發明，就是源自他渴望照亮世界。

有名女性對我說：「我什麼都有了，我無欲無求。我們不應該有欲望。」這簡直是無稽之談。難道她敢否認，每天早上她不想喝一杯咖啡？是欲望讓我們得以生存下來；沒有

---

* 編按：出自英國著名詩人亞歷山大・波普（Alexander Pope，1688～1744）的名言。

欲望，人類就會滅亡。

幾千年前，有人想要解決季節性的惡劣天氣，於是以石塊或樹木建造了第一間房子，用屋頂來遮擋雨雪，還有壁爐可以取暖。由於壁爐效率低又危險，供暖效果差，因此一八五五年左右，俄國人弗蘭茲・聖加利（Franz San Galli）發明了暖氣片。等到了夏季，又因為屋子裡酷熱難耐，於是美國工程師威利斯・開利（Willis Carrier）於一九○二年發明了第一組現代空調系統。這所有一切都始於欲望，所以才有人說欲望是所有行動的源頭與起因。

你跟母親說話，是源自想要與她說話的欲望；你給孩子晚安吻，是因為你渴望表達你對孩子的愛與祝福。

願望、欲望或渴望（不管你怎麼稱呼它）是開始，而顯化是結果。生病時，你渴望健康；困惑時，你想要平靜；貧窮的人渴望財富。這些願望是救世主的聲音，當你直視自己的願望時，就是在凝視救世主的眼睛。你的願望如果實現，那就是你的救世主（你的解決方案）或你的救贖；而未能實現的願望，則是挫敗、不快樂與病痛的根源。如果長久以來，你一直有個念念不忘的願望或渴求未能實現、得不到回應，就會為你的生活帶來混亂與困惑。

當你準備好了，你的欲望會隨之擴展，驅使你前進。接

受自己的欲望會為你帶來平靜。當你在平靜與理解中有意識地與自己的欲望結合，它就得以顯化出來。

✦ 深層信心的力量

無論你設想的是什麼，只要將其融入你的感覺之中，就會在你的內在被主觀化（subjectify），並在空間的屏幕上（即你周遭的世界）被客觀化（objectify）。你必須堅持住這個設想，然後必然會見證到它的顯化。**信心是你渴望之物的材料，是未見之物存在的憑據。**

這裡說的信心，指的是你所說的話、所相信的事，以及內在的信念。它不會空手而歸，它證明了未見之物的存在。我們的肉眼無法看見不可動搖、不可改變的堅定信念，但是堅定的信念卻能證明或預示將會發生的現實。意識狀態始終會自動顯化。

你可以下指令，讓某種物質財富送到你身邊，想像並感受它就在你的房間，如此真實、理所當然，以及千真萬確，你還可以想像擁有它、使用它的感覺。你永遠不知道無形的事物會以什麼方式化為有形的事物。

當然，首要條件是信心。要培植信心，排除意識心智的

所有分析、爭論及質疑，並依賴潛意識心智的力量。由此離開五感世界，進入靈性的神聖世界。

當你讀到這裡時，可能會問：「我有一個畢生的抱負一直未能實現，我該怎麼做？」答案是：遠離所有會讓你質疑或懷疑潛意識力量的人事物。也就是說，放下感官證據，放下所有自我設限的消極想法，並且明白當你運用這個原則時，你就可以成為想成為的人、做渴望做的事，以及擁有渴望的東西。

務必清除腦袋裡所有虛妄的信念與觀點，因為那是意識心智在跟你喋喋不休地爭辯。當你成功進入穩定的心理狀態後，透過堅定的信心知曉你的理想已在你之內具體實現，此時的你正在調動想像的創造力。由於你的渴望已經顯化為主觀的現實，你的渴望會消退；也就是說，你渴望的事物現在已經存在於你的潛意識中。於是，你的心安靜了下來。不用多久，你的潛意識會跟全能的上天合作，讓你的理想成為現實。你堅定的信心，就是你的指令。

此時你已經發現，要對理想保持信心，知道並相信全能的力量會幫助你落實，將你的理想投射到空間的屏幕上。你現在要全心專注於屏幕上的畫面，並以熱切的期待、感恩及信心等正向的情感來滋養它，提高理想成真的可能性。

現在，你相信你的深層自我（Deep Self，即潛意識），肯定它的存在，並絕對相信它的力量。你拒絕了感官證據，全心默觀著欲望或渴求已經成真的現實。你現在全心愛著你的欲望，並持續愛著它。你的想法與愛融合，變得攻無不克。於是，你的心安靜了下來。你已經發出了指令，絕對不會讓你的希望落空。

✦「我是」的創造力

在某些宗教經典中，神聖存在被稱為**我是**，象徵一種自我俱足、無所不包、超脫時空的存在。亞里斯多德將這種存在稱為「不動的推動者」（Unmoved Mover）或「原始推動者」（Prime Mover）。當你用「我是……」來陳述時，便是在調動你內在的創造力。事實上，「我是」一語代表了你的第一個創造性想法，你是因為這個命令而存在。當你說「我是……」，就是在向潛意識發出指令，因此務必要下達正向、積極的命令。如果你說的是「我是窮光蛋，負擔不起」，等於在告訴潛意識要讓你變窮。如果你想的是「我是個能力不足的人……」就是在命令潛意識要確保你欠缺那種能力。如果你一直在擔心投資賠錢，你的潛意識會「不辱使

命」地設法讓你虧損。

我們相信自己是什麼樣的人，就會成為那樣的人。

當你說「我是……」時，你如何描述自己，以及如何描述自己的感受或情況？你會用「貧窮、虛弱、痛苦、失敗」等字眼來形容自己嗎？如果你說「我病了」，等於在向全能的上天宣告你的身體不好，這不是很荒謬嗎？因此，你得說「我是強壯的、有力量的、有愛的、善良的、溫和的、平靜的、被光明照亮的」。

相信自己是什麼樣的人，就會成為那樣的人。

你如何完成「我是……」的句子，決定了你是成功、健康、富足，或是失敗、虛弱、貧困。別人對你的回應，也取決於你如何看待自己。

當你向潛意識發號施令時，務必要活在當下，下達命令時要帶著威嚴，並充分信任潛意識會執行命令來實現你的願望。絕對不要說「我將會、或許、可能」，因為這會讓你的注意力集中在你所匱乏或不足之處，而不是你的願望或欲望，還會認可「我沒有」是事實，或懷疑自己的所求不能如願。

另一個重點是，你要培養一種「所求已經如願」的感

覺。如果你只是默默地表示「我是富有的」，這句話不會帶來財富。你必須**想像**自己是富有的，並真實**感受到**富有。富有的意識會創造財富。要知道造物主擁有一切，在你之內的造物主可以有無數種途徑取用無限的富足。神聖的豐饒，是任憑你支配的。

當你的愉悅感與願望符合神聖法則或道德與靈性的永恆真理，當你渴望看到並實踐和諧及完美的法則，你就在通往健康、平安與富足的道路上。感受你與永恆的「一」融合為一，然後等到時機成熟時，一切便會開花結果，你會發現計畫與機會自動找上你，讓你的想法實現了。無論你做什麼事情，或遇到什麼情況，你都能圓滿執行；此外，無論你需要什麼樣的火力、能量和熱情來實現理想，它們都是來自天堂的樹 *，由天堂的愛與信心灌溉。

富足意味著在各方面增加我們的才能或能力，以便我們充分利用自己的本事與神聖的宇宙力量。我們常常把「富足」一詞與貨幣聯繫在一起，但除非我們的內在先富足起來，學會運用神聖的創造力，否則我們不會得到更多的錢。

---

* 譯註：《聖經》描述的天堂裡有生命樹。

✦ 源源不絕的富饒

依據富足法則，無限的供給與物質是無所不在的；接受這個事實，就像你在果園裡從樹上接受甜美的果實一樣，你會舉起手，摘下樹上的水果。同樣的，你要認可無限的富足，並根據你的需求與欲望去領受富足。

空氣與陽光不虞匱乏；同樣的，神聖的供給也不虞匱乏。你可以將供給想成呼吸的空氣，而你能吸進多少空氣，就看你的肺部裝得下多少空氣。金錢或其他財貨也一樣，你也只能收到與接收量一致的供給，也就是說，你能夠想像並真正相信自己可以領受多少分量，就會得到多少分量。

假設你人在海邊，想要盛水時，如果拿的是一只酒杯，你只能裝滿一杯。反觀其他人，有的拿汽油桶，有的拿水桶，但無論容器有多大，都不可能讓大海枯竭。海水的量足夠每個人取用。所有好事的源頭是一個不變的靈，祂同樣無窮無盡，且無所不在。

別以為你的好事或得到的東西，都必須仰賴工作或事業才能取得。工作只是你取得供給的其中一個管道而已，還有其他的管道存在，而且數量不限。這意味著，即便此路不通，你還有其他路可走——當一扇門關閉時，另一扇門就會

打開。

假如你剛好丟了一份工作或職位，不管原因為何，你都要抱持正向的心態。別因為失去而悲傷或怨天尤人，不如歡喜地告訴自己，美好的新工作或新職位已經出現了，正等著你去爭取；然後，新工作或更好的職位會以一種輕鬆的方式出現，讓你得來全不費功夫。對所有管道都要一視同仁，並能意識到好事的源頭；每天在正確的想法、正確的感覺及正確的行動上，與「不動的推動者」合而為一。

感受在你之內的神性，這是在你意識中的一種體驗。然後默想這種神聖的存在，並在每天早晚與它靜默交流，從而得到內在的領悟。默想神性的特質，自然會感受到神性從你之內湧出。風看不見也聞不著，但你感覺得到清風拂面；同樣的，你也感覺得到神聖存在的光與溫暖。

神性存在環繞著你，不會供給不足，也不需要競爭。你不必與別人爭奪，就可以變得富有，所以要避免「零和賽局」的誘惑。在賽局理論與經濟學中，**零和賽局**就是一種競爭情境，玩家要獲利，就必須讓一個或多個其他玩家虧損。西洋棋就是零和賽局，一方要贏，另一方就得輸。

很多人誤以為富足或豐盛是零和賽局，但其實不然。不要以**犧牲**他人的代價來追求富足。你需要的是無中生有的創

造，而不是競爭既有資源。財富是人類智慧的產物，可以憑空創造出來，而且受益的人不僅僅是你自己。發明家與企業家運用聰明的頭腦，開創出整個產業，汽車業與電腦業就是其中代表。當然，開創這些產業的發明家與企業家也利用他人的時間、精力與專業能力來大發利市，他們為數百萬人提供工作與收入，並提升了整體的生活水準。此外，你還可以再想想憑著藝術創作與表演而創造財富的藝術家及音樂家。

你需要的是無中生有的創造，而不是競爭既有資源。

　　與其玩零和遊戲，不如集中精力為自己創造財富、追求自我實現、打造更美好的世界，以及協助他人。永遠不要單單只為了賺錢去追求財富，也不要只看著存款數字，而是多想想金錢流通，你只需要有餘裕的錢來支付必要開銷、追求夢想及滿足欲望就可以了。要實現自我、追求成長或享受生命，需要不少資源（包括教育、科技、交通及社交等等），而這些通通要花錢。但你不需要多餘的錢，如果不把錢用於追求夢想、落實願望及滿足欲望，多餘的錢就一無價值了。

　　你所需要的只是「每日的麵包」，但這不光指餬口，還意味著你每天都有足夠的資源去做想做的事、追求想要的生

活。每個人的每日麵包都不一樣，視個人的抱負、能力與渴望而定。

聖經故事說富人上天堂比駱駝穿過針眼還要難，這個誇張的譬喻要說明的是，如果你的目標僅僅是累積財富，你將永遠無法實現自我，享受不到生命提供的一切，也成不了什麼大事。這樣的你不會幫助有需要的人，不會讓世界更美好。錢不用、不流通就是浪費，因為錢就像電力，要為電燈或機械供電，電力就必須流動。你的目標是讓源源不絕的金錢供給流經你，給你力量，為你追求夢想與行善提供燃料。在這樣的存在狀態下，你與神性融為一體，並生活在人間天堂。

✦ 忘懷過去

如果你想要成功、想要富足，就要忘掉過去。昨日已死，但如果你沉浸於過去，昨日也會在今日重現生機。唯有當下的情緒與感受是鮮活的，是真情實感的。把時間與力氣花在緬懷昔日的富裕是沒用且愚蠢的，這些人常說：「怎麼我**現在**就做不到呢？」答案就是：沉湎於過去等同於死亡與停滯。你可以為往昔的成就而欣喜，但永遠不要糾結於自己過去缺少什麼，也不要認為現在的境遇不如以往。

　　無限的供給是你**現在**就可以取得的。無論你曾經擁有或失去什麼，供給都在等著你領受與認可。供給無處不在，從來不會被你的懷疑或憂慮所綁架。現在就接受你的好事，並以「大功告成」的心態來行事。

　　供給是源源不絕、不虞匱乏的，因此永遠都不要嫉妒或羨慕別人。眼紅他人的財富與成功，只會絆住我們的腳步，讓我們無法獲得財富與成功。嫉妒或羨慕的心態會提高別人，貶低自己。神聖法則一視同仁，不會對誰特別優待，它只是依據每個人的信念來給予。嫉妒是具破壞性的情緒，會浪費你寶貴的能量；更糟的是，嫉妒代表你誤信了供給有限的虛妄信念。如果你能真心地為別人的成功歡喜，就會把成功吸引到自己身上，這是因為你與其他人都是屬於整體的一部分。

✦ 困頓中的無窮智慧

　　房地產仲介與屋主有時會來找我，跟我說：「景氣很差，房地產都賣不動。」房地產與其他事物一樣，都是神聖心識的想法；屋主唯一要做的，就是與別人交流想法。買賣發生在神聖意識（Divine Consciousness）的領域，如果你

有東西要賣，必須感覺並認知買賣已經在神聖意識的領域完成了，無限之靈會在對的時間向你揭示對的人。感受並確信交易已經在你的意識中發生了，而你的意識是唯一真實的交易媒介，這樣便能建立你的信心與信任。不用多久，答案自然會出現——有時是在你最意想不到的時候。

永遠記住，無限智慧知道**如何**完成你指派的一切任務；因此，如果你想要改變現狀，將房產、商品或點子轉賣出去，無限智慧會居中撮合，祂知道有人會從你要賣的商品得到祝福與快樂，於是祂會將這個人帶過來，而你們會難以抗拒地互相吸引。你可能不明白這個解決方案背後的原因，但解決方案終將會出現。

很多人問：「我的房產應該或能夠以五十萬美元賣出嗎？」答案就在問題中。生命法則是最高的指導原則，其餘都只是耍嘴皮。假如換成是你，你願意付五十萬美元嗎？這個房價對得起你的良心嗎？你覺得這是公道合理的價位嗎？如果你對這些問題可以坦然回答「是」，那麼這個價錢就是合適的。

在你所有的交易中，記住以下的黃金法則：「己所不欲，勿施於人。」

當你有房子要脫手時，心裡會不會覺得自己索價太高？

你是否認為成功詐騙買家，自己很聰明？你是否試圖用卑鄙的手段來占人便宜？如果是這樣，你就違背了以上的黃金法則。正當使用法則，才會真的成功或富足。搶奪、偷竊、欺瞞會令人生起恐懼或罪惡感等負面情緒，最終導致自己蒙受損失。

✦ 感恩所有帳單都繳清了

多年來我跟許多人談過話，最常聽到的抱怨是：「如果你能看到我必須付多少帳單就好了，景氣真的很糟糕！」與其為了帳單煩惱，不如多想像一下無債一身輕的感覺。

祝福、和諧、喜悅與完美的平衡，被稱為如天堂般的意識狀態。把所有帳單都已經繳清當成現在的事實，並為此而心生歡喜。在心智中，標注這為事實，並進入繳清所有帳單的歡喜及快樂狀態，說著「謝謝」並慢慢進入夢鄉，為如你所是的所有一切、現在擁有的一切、你所做的一切、你想要的一切，感謝神聖存在。感恩你在意識中已經接受的禮物，透過內在的覺知、感受或堅定的信念，將禮物送給自己。從某種意義來說，這些帳單都結清了，留下了神聖的盈餘。你現在可以認定自己與供給的無限源頭是一體的，你所有的需

求都會立即得到滿足；然後看著神聖法則自行運作！

✦ 化阻為力，逆勢反轉法則

　　由法國精神分析師查爾斯・鮑多因（Charles Baudouin）撰寫、保羅夫婦（Eden and Cedar Paul）翻譯的《暗示與自我暗示》（暫譯，*Suggestion and Autosuggestion*）一書，讓世人注意到了所謂的「逆勢反轉法則」（Law of Reversed Effort）。在〈暗示法則〉（Laws of Suggestion）那一章寫道：「當某個想法強加在心智上達到暗示的程度時，當事者為了抵銷這個暗示所刻意進行的一切努力，不只沒有預期的效果，實際上還會與當事者有意識的願望相牴觸，往往還會強化暗示。」也就是說，當我們處於懷疑、困惑的精神狀態下，並對自己說：「我想要那樣做，但我不能」或「我需要錢付帳單，但看來毫無希望」，我們可以拚了命地祈求，但我們越是努力，願望越不會成真。

　　經濟狀況窘迫時，許多有害的自我暗示會自己蹦出來，例如恐懼、絕望、失去信心等等。我們會茫茫然不知所措，當我們越是努力地想要找個好主意來解決問題時，餿主意的攻擊就越猛烈。**努力不是獲得預期結果的方法。**

　　最早提出逆勢反轉法則的是法國心理學家埃米爾・庫埃（Émile Coué）。用庫埃本人的話來說就是：「當意願與想像起了衝突，想像總是占上風。」另一種說法是：當欲望與想像或信念相牴觸時，我們的信念會勝出。主導想法永遠立於不敗之地。努力的前提是有必須克服的阻力，於是我們就有了兩個相互衝突的想法或暗示：(1)「我現在就要有錢」；(2)「但我得不到」。這兩個想法會互相抵銷，於是什麼事都不會發生。這就像酸與鹼混合後，只會得到一種惰性物質。

　　當我們說「我是如此**努力**地祈求富足與供給」，便犯下了這一類思維的主要錯誤。成功之道是**無為而為**，不需要費力去求取。無為而為的方法源自於某種催眠形式，我們務必要留意，如果要讓注意力發揮良好的作用，就必須處於沒有壓力的放鬆狀態；我們必須以最不刻意努力、最不費力的方式來維持注意力。

　　這種情況，與人們早上要起床時常有的情形很類似。他們對自己說：「我想起床就能起得來。」但實際情況，卻往往像違反個人意志似地繼續窩在被窩裡。鮑多因解釋道：「（要將想法植入潛意識）有個很簡單的方法，就是把想法濃縮成一個好記的短句，當成暗示來用，然後像搖籃曲一樣一遍遍地重複。」

該書作者表示，當我們進入想睡覺的狀態，或是如他們所描述的「近似睡眠狀態」（即半夢半醒）時，是最不費力的時候，此時可以把注意力輕鬆地集中在好事上。要誘發這種半夢半醒的狀態，我們可以向自己下達入睡的暗示。

以下是一個實際應用的例子。我課堂上有一名女性說：「帳單堆積如山，我沒有工作、沒有錢，又要養三個孩子，我該怎麼辦？」她是這樣做的：她坐在扶手椅上放鬆身體，進入有睡意的狀態。然後依照鮑多因的建議，她將滿足個人需求濃縮成三個字：「搞定了」。對她來說，這三個字代表了她全部的願望都實現了，包括帳單結清了、有份新工作、有個家、有個丈夫、孩子們能得到溫飽，以及身上有足夠的錢可以使用。

注意，精簡的「搞定了」三個字，背後的運作邏輯是她的這些要求都已經被接受了，「搞定了」的肯定語要像搖籃曲一樣，一遍遍重複。每當她默念「搞定了」，心中就會生起溫暖與平靜的感受，直至她確信不疑，而此時她渴望的所有目標已經烙印在了潛意識中。她全神貫注、沒有走神，只聚焦在一個核心概念上：「我搞定了」。她反覆念誦，直到產生了真實感。

當我們將注意力集中在一句精簡的短語時，就能避免思

緒四處遊蕩，在相關的概念與想法中搖擺不定。萬一走神了，可以繼續念誦代表夢想全部實現的短語把注意力拉回來。所謂大巧不工，神聖作為是我們無從預料的！要在噴泉中取水，沒有容器就不能如願；同理，當我走向內在的活水泉源時，我也必須有個容器，這個容器就是悅納的心態。在這種心態下，我懷抱著積極、喜悅的期待，唯一的主導想法或感受就是感恩。

有一個房產賣不出去、幾乎走投無路的男人，他坐在椅子上往後靠，閉上眼睛，安靜下來，直到睡意開始浮現。當他放鬆下來時，就像建議的那樣進入一個昏昏欲睡的狀態（這是最不費力又可提高肯定語效果的狀態）。他選擇的濃縮語是「謝謝」，他反覆念誦，就像在感謝至高無上的存在幫他完成買賣。他不是閉上眼睛睡覺，而是一直保持著警醒與活力，神聖存在使他變得特別敏銳。他帶著滿滿的期盼進入靜默中，因為他知道自己所渴望的，將會如願以償。

就像搖籃曲一樣，他一遍遍地默念「謝謝」，直到覺得一切都搞定了。然後他真的睡著了，在四次元的夢境中，他看到一名男子給了他一張支票，他跟對方說：「天父，謝謝祢。」醒來後，他知道房產必定可以賣出去了。不出一週，他在夢中見到的那個人來到他面前，買下了他的房產，包括

十四塊地、一口井及一棟房子。

他之所以有那個四次元的體驗，是因為直到進入深沉的夢鄉前，他一直不斷地說「謝謝」。在我們每晚入睡後去的那個次元，他親眼看到自己完成了渴望的交易，然後夢境化為具體的客觀事實。四次元的**現在**或**當下**，相當於三次元的**這裡**。在四次元見到的事，不久後必然會在三次元空間中體驗到。

就從現在開始，每天早晚都要默念宣言，命令神聖存在讓你的身體、心靈及事業都能興盛、富足；如果能夠感受到它的真實性，你將永遠不虞匱乏。在你入睡前，記得要像搖籃曲一樣地重複念誦「謝謝祢，聖靈」。這意味著，你在感謝高我為你帶來豐盛、健康及和諧。神聖智慧絕對會在幻視或夢境中顯像，好讓你能夠認出祂。

如果你已婚，把握這個大好機會與伴侶一起接受富足法則，這是川流不息、無所不在、提供真善美的供給泉源。夫妻要達成共識，整合雙方的理想與動機，在各個方面都展現出富足。

各行各業中，有不少大人物都曾經受到另一半的啟發與鼓勵。已婚者要讓對方看到自己應該成為的樣子。正確的感受與內在的知曉可以化失敗為成功，化貧窮為富足。夫妻攜

手，一起成為展現富足的驅動力與強大的動機，以實現他們
與創造之靈（Creative Spirit）的協議。

本章重點

---◆---

- 想像力是神的工坊。

- 不論你渴望什麼、想像什麼或相信什麼，潛意識都
  會找到實現的方法。

- 用以下四個步驟來吸引財富：
  1. 想像你所渴望的事物。
  2. 為你的渴望注入正向的情緒或感受，例如殷切的
     期盼或信心。
  3. 想出一個詞或一句短語，來代表渴望「如願以
     償」後會有的感受。
  4. 進入放鬆狀態，反覆念誦步驟 3 的短語，想像你
     已經成為所渴望的那種人、做渴望做的事，或擁
     有渴望的東西。

- 要把欲望與渴求視為禮物，因為它們是自我實現的第一步。

- 無論你渴望的是什麼，「只要信，就必得著」*。

- 神聖存在以「**我是**」自稱。當你說「我是……」，便是在認可你內在的神性，並運用你的創造力來宣稱並實現你渴望成為的人、想擁有的東西及想要做的事。

- 接受「供給不虞匱乏」的事實，不要嫉妒與羨慕別人，因為資源永遠都足夠分配。財富是可以創造的，所以不可能發生「你越多，別人就越少」的情形。

- 活在當下，不要對過去感到遺憾或苛責，也不要對未來可能發生的事感到恐懼。記住，是你的所思所想決定了未來會發生什麼事。

- 與金錢交好，放下錢是邪惡或萬惡之源的想法。錢的好壞完全取決於我們如何使用它。

---

* 編按：出自《馬太福音》第21章第22節。

CHAPTER
4

—

遵循富裕生活
的模式

利用潛意識力量致富，需要時時練習。當你的思維與
行為發展出一致的模式時，致富效果最好。如果你今
天相信財富已是囊中之物，明天卻又開始緊張地摳
錢，害怕財務會出狀況，便是向潛意識發送出混亂的
訊號，表明你不是真的相信神聖的富足近在咫尺。

你是為勝利而生，可以戰勝人生的所有障礙。神性就在你之內，在你之內行走、說話，那是在你之內的生命法則，是屬於你的神聖管道。你來到這個世界，就是要在空間的屏幕上重現神性的所有特質、屬性、能力與各個方面。你就是如此重要、如此美好！

無論創造力從何處著手——從建構一顆恆星、一個宇宙到一棵樹——一定會有始有終。為了在人生的遊戲裡勝出，你要與自己內在的宇宙力量合作，當你的想法與感受都與這股無限力量一致時，就會發現宇宙力量代表你行動，讓你活出勝利的快意人生。

✦ 他為自己更新了心靈畫面，滿載而歸

「我在公司待了十年，沒升遷過，也沒加過薪。一定是我的問題吧？」有個男人（以下稱他約翰）第一次來諮詢時，苦澀地跟我埋怨。我從談話中發現，失敗的潛意識模式一直在左右他的工作。

約翰習慣貶低自己，他會對自己說：「我一無是處、我總被人瞧不起、我可能要丟掉工作了、我走到哪裡就倒楣到哪裡。」他滿腦子都是自我譴責與自我批判。我向他說明，

這兩種心靈毒藥的殺傷力最大，會讓他喪失活力、熱情、能量，以及良好的判斷力，最後會徹底傷害到他的身心。此外，我還剖析了他消極的負面言論，指出「我一無是處、總被人瞧不起」這一類的自我批判是在向潛意識下指令，而潛意識會把他的話當真，在他的人生中安排各式各樣的阻礙、延宕、匱乏、限制及困難。潛意識就像土壤，它會接受各種不同種子，不管好種子或壞種子，都會供給養分讓它們成長。

約翰問我：「這就是我在公司的例行會議上被當成空氣的原因嗎？」我回答：「是的。」因為他的心智中已經形成了被排拒在外的心靈畫面，認定自己會被冷落與無視。也就是說，是他自己在阻擋好事上門。

約翰就是這樣從自我拒絕、失敗及挫折的模式中解脫出來。我建議他忘掉過去，開始深思他想要的未來。

他問：「我怎麼可能忘得掉那些被冷落、被拒絕的傷心往事？我做不到。」這當然可以做到，正如我告訴他的，他必須做出一個明確的決定，放下過去，帶著積極的決心，默觀成功、勝利、成就與升遷。潛意識知道你是真心的，當你又遇到習慣性貶抑自己的情況時，它便會自動提醒你，讓你扭轉念頭，肯定此時此地的美好。

他開始察覺到，把過去的失落與失敗等精神負擔帶到未

來是荒謬且愚蠢的，那就像整天扛著沉重的鐵條一樣，只會讓人疲憊不堪。每當他冒出自我批判或自我譴責的念頭時，他已經可以確實地扭轉念頭，並聲稱：「成功是我的，和諧是我的，升遷是我的。」一段時間後，他的負面模式消失了，並由有建設性的思考習慣取代。

　　我教他以下的簡單技巧，好在潛意識留下正面的畫面。約翰開始練習，他想像著妻子恭喜他升遷，高興、熱情地擁抱他。他的身體放鬆、全神貫注，將心智的鏡頭對準了妻子，所描繪的心靈畫面（心像）非常鮮明逼真。他在心裡跟妻子說：「親愛的，我今天升職了，老闆誇獎了我一番，年薪提高一萬美元！是不是太棒了？」然後他會想像妻子的反應，聽到她說話的語氣，看到她的笑容和手勢。這些情景在他心裡都是真實的。漸漸的，這部心靈電影從意識心智滲透進了潛意識心智。過了幾週後，約翰來見我時說道：「有件事一定要讓你知道，我升遷為地區經理了！那部心靈電影真的成功了！」

　　約翰弄懂了心智的運作原理，開始意識到自己的慣性思考模式與心靈電影會一層層地滲入潛意識，活化潛意識心智，吸引來他所需要的一切，實現他珍視的願望。

　　當你相信並快樂地期待最好的事物到來，便會迎來你渴

望的好事。約翰堅信自己會獲得榮譽、肯定、升遷與加薪，根據他的信念，他的願望都實現了。

如今約翰脫胎換骨，過得很快樂。他心情愉悅、活力十足、眼神發亮，說話時聲音帶出一種新的情感色彩，可以知道他非常自信且泰然自若。

✦ 一個心靈畫面如何帶來百萬美元

在棕櫚泉的一家旅館裡，我和一名來自聖佩德羅（San Pedro）的男士有過一次對話。他說自己今年四十歲，以前的生活中只有失望、失敗、抑鬱及幻滅。他曾在聖佩德羅聽過「心靈奇蹟」的講座，主講者是已故的世界旅行家哈利·蓋茲（Harry Gaze）博士。

聽完那場演講後，他開始相信自己與內在的力量。他一直想擁有及經營一家電影院，但他沒有錢，而且幾乎做什麼都會以失敗告終。於是，他從以下的宣言開始：「我知道自己會成功，我會擁有並經營一家電影院。」

他說，如今他的身價是五百萬美元，擁有兩家電影院。他克服了原本被認為不可踰越的難關，取得了成功。他的潛意識知道他是真心的，並下定決心要成功。潛意識知道你的

內在動機，也知道你真正的信念是什麼。

這個老闆成功的法寶，就是他始終如一的心靈畫面，於是他的潛意識便向他揭示圓夢的一切必要條件。

✦ 一名女演員如何戰勝失敗

有個年輕女演員來見我，苦澀地說她在試鏡時臨陣怯場。她說，她試鏡已經失敗三次了，她哀傷地念念叨叨，苦水吐成了長篇大論。

我很快就發現，問題其實出在她的心靈畫面，她已經認定自己會在鏡頭前慌張失措，注定落敗。

我為這名年輕的女演員說明意識與潛意識的運作機制，她才明白只要自己能夠專注在那些有建設性的想法上，她念茲在茲的想法將會產生效益，而這些效益會被自動帶進她的體驗中。她自己設計了一個直線思考的計畫，因為她很清楚只要宣稱自己是怎樣的人，心智法則就會回應你，當然前提是你真的相信自己所說的話是真的。例如，你越是頻繁地跟自己說「我害怕」，就會生出越多的恐懼。相反的，你越是頻繁地聲明「我充滿信心與自信」，就越能培植出更多的信心與自信。

我建議她將以下提振想法的句子謄寫在卡片上：

> 我內心平和、鎮定、平衡及平靜。
>
> 我不怕邪惡，因為宇宙力量環繞著我、充盈著我。
>
> 我總是平心靜氣的、沉著的、放鬆的、自在的。
>
> 我對唯一的力量（宇宙力量）充滿了信心。
>
> 我為勝利而生、為成功而生。
>
> 我萬事如意。
>
> 我是一個出色、了不起的女演員。
>
> 我是愛、和諧與和平的化身，感受到與神性合一。

她隨身攜帶著這張卡片。不管是坐火車、搭飛機，她都會專注在這些真理上，平常也會頻繁念誦。三、四天後，她把這些內容都記牢了，當她複誦這些真理時，它們逐漸滲入她的潛意識，而她也發現這些肯定語蘊含著美妙的靈性振動，中和了存在於潛意識的恐懼、懷疑及沒有資格等有害的模式。她變得穩重、平和、鎮定，並充滿自信，由此發現了活出神聖生命的宇宙力量。

她會在早、中、晚三個時段各抽出五、六分鐘，練習以下的技巧：放鬆身體，靜靜地坐在椅子上，然後想像她在鏡

頭前——泰然自若、沉穩、冷靜、放鬆。她觀想自己通過試鏡，想像聽到作者與經紀人恭喜她。她活靈活現地扮演好了這個角色，只有優秀的女演員才有這樣的功力。她意識到推動這個世界的宇宙力量，同樣會推動她內在的心靈畫面，讓她不得不展現出色的演技。

如此過了幾週後，她的經紀人幫她安排了一次試鏡，她非常有把握可以順利拿下角色，內心又興奮又期待，而她也如預期地表現得可圈可點。於是，她一次次地成功試鏡，穩健地走在成為大明星的路上。

✦ 內在本質如何令你成功且富裕

我在夏威夷一家熱門旅館，曾與一名男士進行過一次有趣的對話。他娓娓道出年輕時一個精彩的故事。他在倫敦出生，小時候母親說他出身貧寒，而他的表兄弟卻出生在富貴人家，她說這就是上帝平等對待萬物的方式。後來他才知道，母親的意思是他的上輩子或上上輩子是個富豪，所以上帝在算總帳時，要他這輩子生在窮苦人家，好讓天道回歸平衡與正義。

「依我看，」他說道：「這根本是胡扯。此外，我還明

白宇宙法則才不會如此差別待遇——上帝給我們多少，全看個人的信念，一個人可以身價幾百萬英鎊，同時還非常有悟性及智慧。相反的，捉襟見肘的人中，也不乏惡毒、自私、嫉妒及貪婪的人。」

　　這個男人年輕時在倫敦賣報紙、洗窗戶、上夜校，辛苦打工才念完大學，如今的他是英格蘭的頂尖外科醫師。他的人生座右銘是：「你的願景在哪裡，你就會走到哪裡。」他的願景是成為外科醫師，這是他意識中的心靈畫面，於是潛意識據此做出回應。

你的願景在哪裡，你就會走到哪裡。

　　他的表兄弟含著金湯匙出生，父母把能給的全給了兒子：私人家教、歐洲的特殊教育行程，還送兒子去念了五年的牛津大學。他給兒子請僕人、買汽車，以及支付一切開銷……結果把兒子養成了五體不勤的廢物！他被過分溺愛，缺乏自信，無法自力更生。他沒有生活目標、缺乏動力，沒有要克服的困難，也沒有要超越的障礙。他終日酗酒，不思進取，成了一個失去人生意義的失敗者。

　　所以，他們誰貧誰富？這位外科醫師克服了困境。他對

我說，他很感恩自己是一路苦過來的。

✦ 永遠與你同在的大好機會

最近，有個人對我抱怨：「我的人生沒指望了。我家境貧困，一家人常常要縮衣節食地過日子。學校的同學都有個好父親、住好房子，有私人泳池及汽車，他們有的是錢。人生真不公平！」

我向他解釋，貧窮的艱辛往往是動力，可以將你推向最高的成功顛峰。漂亮的房子、游泳池、財富、名望、成功、豪車……所有這些都是起自心智中的想法，而人的心智與神聖智慧的無限心智是一體的。

我繼續說明，很多人的想法完全不合邏輯、不理性，也不科學。例如，他們說上天對海倫·凱勒（Helen Keller）很不公平，還在襁褓中的她就被剝奪了視覺與聽覺。然而，當她懂得開始運用心靈的豐饒資源，她藍色的眼眸獲得了「看見」的能力，而且比大部分人都看得更清楚，知道歌劇中所有華麗場面的顏色。她聾掉的耳朵也以類似的方式「聽見」了漸強音、漸弱音及管弦樂的全部音量，能夠清楚地覺知到女高音吟唱的音符，領會劇中的幽默與趣味。

海倫‧凱勒為這個世界帶來了不可思議的美好。透過冥想和祈禱，她喚醒了內在的眼睛，提振了各地聾人、盲人的心智與心靈。她為世界上千千萬萬的殘疾人及其他人貢獻了信心、自信、喜悅，大幅拉高了世人的精神層次。事實上，她的成就遠遠超越了許多耳聰目明的人。她不是天生不幸或受到上天的歧視——這個世界沒有絕對的優勢或弱勢。

海倫‧凱勒的故事深深撼動了這個男人，我為他寫下追求成功的宇宙計畫，讓他一日三次、每次十五分鐘反覆念誦以下的宣言：

　　我在人生的真正歸屬之地，做我喜歡的事，感到無以倫比的快樂。我有一個可愛的家、有善良的好老婆，還有一部時髦的新車。我以精彩的方式把自己的才能貢獻給這個世界，而神聖智慧告訴我如何更好地為人類服務。美好的新機緣向我敞開，我肯定它、接受它。我知道上天給我全方位的指引，讓我有最好的表達。我相信並接受富足與安全，相信不可思議的好機會正在等著我，也相信我的成就將會超越我最好的夢想。

他將這些宣言謄寫在卡片上，隨身攜帶，並且一日三

次、一次十五分鐘有系統化地重申這些真理。一有恐懼或焦慮生起，他會拿出卡片反覆念誦，因為他知道消極的想法總會被有益的想法覆蓋和驅散。

他領悟到意念是經由重複、信念及期待傳遞到潛意識中，而潛意識會動用能夠創造奇蹟的力量，根據這些想法來行動，因為潛意識的本質就是對慣性思考做出回應。

三個月後，他默觀的一切都實現了。他結了婚，家庭生活美滿，妻子還出錢讓他經營自己的生意，做他喜歡的事，可以說日子過得風生水起。後來他成了鎮議會的一員，為幾個社區服務組織貢獻自己的時間、心力與專長。他得到了千載難逢的機會，你也可以！

◆ 一名業務員如何幫助自己升遷

一名藥品業務員已經八年沒有升遷，而資歷不如他的同事卻已經當上了高階主管。那麼，他的問題出在哪裡？答案是：否定自己的心理情結。

我給他的建議是善待自己，對自己好一點、更喜歡自己一點，因為高我（the Self）是神聖的。我向他解釋，他是神聖存在的居所，應該對內在的神性有一種健康、虔敬、有

益的尊重，是神性創造了他，給他生命，賦予他永生靈的全部力量。這將使他能夠超越一切障礙，做到富足和完美的表達，並有能力過好充實又幸福的生活。

這個業務員很快就想明白了，同樣的心靈能量他可以用在具破壞性的想法，或者用在建設性的想法。他決定不再想自己為什麼不能成功的原因，轉而開始思考他可以成功的理由。他努力練習以下的心靈與靈性配方：

> 從這一刻起，我賦予自己新的價值。我知道自己的真正價值，停止再否定自己，也不再貶低自己。一出現自我批評的念頭，我會立刻聲明：「我禮讚在我之內的造物主。」我尊重並榮耀我的高我，高我是神聖的。我以健康、有益及崇高的敬意來看待內在的無限力量，祂是全知全能的、永生不朽的，是能夠自我更新的存在與力量。日日夜夜，我都在前進，不管是精神上、心理上和經濟上都在成長。

他每天都會抽出時間，一日三次地以這些真理來認同自己，逐漸讓心智變得鎮定、平衡及沉穩，並認識到自己的真正價值。結果，大約兩個月後，他成了區域業務經理，後來

他寫信給我：「我正在步步高升，謝謝你。」

除了前述的心智及靈性練習，為了讓他真正認識到自己的價值與重要性，並且釋出目前仍然蟄伏不動的才能（生而為人，每個人都被賦予獨特、不凡的才華與能力），於是我建議他練習傳承已久的**鏡子療法**（mirror treatment）。他是這樣練習的：

> 每天早上刮完鬍子後，我會看著鏡子大膽地、深情地對自己說：「湯姆，你實在太優秀了，你非常成功，充滿信心與自信，而且非常富有。你是充滿愛的、和諧的、受到啟發的。」
>
> 我跟很多人一樣，也與神聖的全知全能同在。每天早上我都會持續這個練習。然後我驚訝地發現，我的生意、財務、朋友圈及家庭生活都出現了許多奇妙的變化。兩個月前你給了我這兩種祈禱技巧，而現在我已經晉升為區域業務經理了。

這個業務員用他所聲稱的真理來認同、肯定自己，建立新的自我形象，從而使得他的心智變得鎮定、平衡、沉穩、富足與自信。他毫無保留地相信潛意識會積極回應意識的所

有行動，進而發現了一個偉大的心理學真理：只要你相信，一切都有可能。

✦ 一名營業處經理如何改變觀點

在面對面諮詢時，這個營業處經理告訴我，營業處的所有職員，不管男女，都覺得他太專橫、太挑剔、太悲觀。營業處的人員經常變動，總經理就曾經抱怨辭職人數太多。

我向他解釋，濫用職權通常是缺乏安全感的表現，因為你努力想讓別人覺得你能夠獨當一面。一個人既可以擁有安靜、有序的心智，不以傲慢的態度對人呼來喝去，同時又能完全擔起責任。相反的，喋喋不休、大聲說話的人往往缺乏真誠與內在的平衡。

在我的建議下，他開始稱讚一些表現良好的員工，也大都能得到友善的回應及正面回饋，因為員工被稱讚後更有自信了。他不再愛挑毛病，吹毛求疵的態度有了很大的改善，於是辦公室的氣氛變好了；同時他也停止自我貶抑，這種自嘲就是讓他麻煩不斷的根源。

為了徹底掃除悲觀、陰鬱的心態，他開始練習深呼吸，並搭配一句明確的肯定語。例如吸氣時，他在心裡說「我

是……」，吐氣時說「……快樂的」。通過這樣的練習，他的一呼一吸變得更加綿長。他每一回練習都要深呼吸五十次、一百次，直到深層的潛意識有了回應。現在他說，效果最好的是吸氣時默念「我是快樂的」，吐氣時再默念一遍。他證實了深呼吸可以促進生理健康及幸福感，因為深呼吸能將建設性的想法帶到潛意識中，並留下深刻的痕跡。

此外，他每天還會做幾次宣言，用以鍛鍊心智與靈性：

從這一刻起，我停止所有的自責。我知道在這個世界上沒有什麼是完美的，也明白我所有的員工和同事不可能在各方面都表現完美。我樂見他們有自信、有堅定的信念、彼此合作，以及盡心盡力做好自己的工作。我永遠認同每一個同事的正向特質。

我對熟悉的事務總是充滿了信心，而且每天我都能在其他方面獲得信心。我知道自信與獨當一面是習慣，而我可以培養這些好習慣，就跟我最近成功戒菸一樣。我以篤定、虔誠及對全能力量的信心來取代怯懦，而全能的力量會回應我的慣性思考。我對每個員工說話時都和顏悅色，並向他們內在的神性致敬，我時常複誦：「神聖力量會強化我，任何事情我都可以做到。」每當

CHAPTER 4 ／ 遵循富裕生活的模式 ｜ 121

生起自我批評的想法時，我會立刻用以下的真理來取代：「我禮讚在我之內的造物主。」

　　這個營業處經理已經習慣每天重申這些真理，他會以緩慢、沉穩的聲音念誦六次之後，再充滿愛地念誦三次。他明白自己在做什麼，以及為何要這樣做。他正在培養有建設性的新習慣，以取代舊習慣。六週後，他已經脫胎換骨，變成一個平靜自在、有能力獨當一面的主管。後來他被擢升為副總裁，收入相當可觀。

本章重點

◆

- 你是為勝利而生，神聖力量會幫你戰勝一切障礙。

- 不要因為不妥的言論而招致失敗，步上許多人的後塵。你要肯定並認同自己會成功的想法，並相信這是事實，成功就會隨之而來。

- 你心裡一直在想什麼，就會變成什麼樣的人。停止所有的自我譴責、自我批評，以及對未來的恐懼和不確定。默觀成就、勝利、歡喜及成功。

- 忍不住想貶低自己時，立刻扭轉這個念頭，肯定此時此地會有好事發生。

- 意念會透過重複、信念與期待傳遞給潛意識。因此，你只能想正向、有成效的想法。

- 相信自己與內在的力量。勇於肯定自己「我知道我能成功；我做得到想做的事；我會成為想成為的人；我知道並相信潛意識會回應我真誠的決定與堅定的信念」。

- 如果臨陣怯場，就想像自己成功完成了，並想像心愛的人恭喜你精彩的表現。

- 你的內在就是你的財富所在，與你的社經地位或教育沒有關係。就如《聖經》所說：「照你的信心，給你成全了。」

- 成功的妙方之一，就是充滿情感地聲稱：「神聖智慧向我揭示，我可以更好地為人類服務。」

- 對你的真正價值要有自覺，現在就明白你是神聖表達的一個獨特焦點。

- 如果你感到自卑或無法獨當一面，可以透過慣性思考，在你的潛意識中留下你與神聖存在合一的深刻印記：「我榮耀並讚美圍繞著我與所有生命的神性，我對內在的神性抱持健康、尊崇及虔敬的心意。」這樣的態度能建立對自己的信心與肯定。

- 讚美能夠提升員工與同事的自信心。表揚每一個工作表現良好的人，並明白這個世界沒有人是完美的。這種態度可以驅散任何專橫、咄咄逼人的言行，而出現這種言行的人，代表沒有安全感、習慣自我貶抑。

樂在其中的
成功事業

財務上的成功往往代表事業上的成功。遺憾的是,很多人對自己賴以為生的工作抱持消極的態度。結果,他們被困在看不到出路的職涯中,與不喜歡的人一起做著不喜歡的工作。這些人通常把自己的處境歸咎於運氣不好或大環境不佳,但問題的真正根源是認輸及得過且過的心態。如果你對自己的「命運」不滿意,別怪罪命運、外在環境或某種神聖的力量;相反的,你要做的是改變心態和想法。

　　對大多數人來說，致富需要在事業上取得一定程度的成功。我們都想成為對社會有貢獻的人，一邊做喜歡的工作，一邊賺取足夠的錢，好讓我們擁有想要的東西、做想做的事。

　　遺憾的是，不是人人都能在職場上順風順水。有的人不曾得到理想的職位，有的人雖然喜歡他們的工作，但職位或薪水卻令他們大失所望。有的人熱愛工作，卻受不了「有些人」，例如上司、同事、顧客或客戶。

　　這一章要介紹的，是如何在職場取得成功的四個步驟，並指點你如何在工作及事業上獲得最大的滿意度，以及如何從你付出的時間、精力及專業能力得到最佳報酬。

✦ 事業成功的四個步驟

　　很多人誤以為事業要成功，外在因素即使不是全部，也占了十之八九。例如，他們可能會說：「你知道什麼不重要，重要的是你認識什麼人。」除了人脈，他們還會將別人的成功歸因於僥倖或運氣──「在對的時間出現在對的地方」。這些人往往不會肯定別人，他們只會暗中嫉妒，或不願承認是自己的短處阻礙了他們的成功。

　　事實上，事業成功與否，主要是與內在因素有關，而不

是外在因素,而且每個人都有能力實現他或她想要的成功程度,也就是你想要多成功就能多成功。

我協助過許多在職場上苦苦掙扎的人,讓他們得到豐饒、充實及愉快的職業生涯,我將事業成功所需要的過程精簡為以下四個步驟:

1. 體現成功所需要的個人特質。
2. 發掘你喜歡做的事,然後去做。
3. 在你的領域中專攻一項,比任何人都要懂得多。
4. 慷慨點,將你的工作變成對世界的祝福。

我們一一來檢視這些步驟。

步驟 1:體現成功所需要的個人特質。職涯發展不盡如人意的原因,通常與個人特質、心態、價值觀的缺失有關。記住,主觀信念與感受會控制客觀生活,在你之內的心靈畫面會反射到外在的屏幕上。如果我們可以給潛意識的信念或印記拍張照片,照片一定會跟你的現實生活完全吻合。人生的各方面都是如此。

改善個人處境的第一步,就是改善內在的自我。努力體現以下的神性特質:

- 愛
- 和平
- 信仰
- 自我約束
- 即使麻煩也保持耐心

- 喜悅
- 溫和
- 善良
- 謙遜

當你的心智看重這些特質時，很快便會成為神聖表達（Divine Expression）的化身。不論你是誰、從事哪一行都不重要。除非你成為神聖的管道或媒介，演奏出不朽的神聖旋律，否則你所渴望的事業成功與個人成就都不會有結果。你的經歷、事件、處境、條件，必然反映出你的心態、價值觀與品德。

和平、和諧、誠信、安全感及幸福感都來自於深層自我。默觀這些特質會在我們的潛意識裡建立起這些神聖的寶藏，從而豐富生命的各個面向。

步驟 2：發掘你喜歡做的事，然後去做。一旦工作成為享受，便會激發成功所需的能量與熱情。

比方說你是個精神科醫師，把畢業證書、醫師執照掛在牆上是不夠的；你必須與時俱進，出席研討會、了解心智的最新知識與運作方式。身為成功的精神科醫師，你要看診，

還要閱讀最新的科學文獻。也就是說，你必須時時吸收並熟知緩解精神痛苦與失調的最先進療法。一個成功的精神病學家及醫師，必須把病人的福祉放在心上。

如果不曉得自己應該從事什麼工作或領域，就尋求指引。向你內在的無限智慧下指令：「揭示我隱藏的才能，引導我找到人生真正的位置。」你要安靜地、積極地、充滿愛地對你的深層自我這樣說，如果你夠虔誠且自信，答案便會出現，那可能是一種感覺、一種直覺、某個傾向或是一個機會，但一定會很明確。你要毫無壓力地提問、不刻意強求，答案就會浮現。神聖智慧會在平和的氛圍中開口，而不是在困惑中。

步驟 3：在你的領域中專攻一項，比任何人都要懂得多。選定一個專業後，就投入全部的時間與注意力。要有足夠的熱情，盡可能熟悉這個領域的所有可用訊息。如果可能的話，你要比任何人都要懂得多。對這份工作要有濃厚的興趣，要有為世界服務的意願。這種心態，完全不同於只想混口飯吃或得過且過的人。「得過且過」或「過得去」不是真正的成功，你的動機必須更大、更高尚、更無私；你必須要有服務他人的心意──有施，才有受。

步驟 4：慷慨點，將你的工作變成對世界的祝福。願望

切忌自私自利，必須對人類也有益，如此才能形成好的循環，建立完整的迴路。也就是說，你必須抱持祝福世界或為世界服務的目的，讓你的想法或理念走出去，然後它會回饋你，濃縮、凝聚後，向著你飛奔而來。如果只謀求一己的利益，就不能形成完整循環的迴路。

有人可能會說：「可是，那個詹姆士先生靠賣騙人的石油股票，發了大財呢。」沒錯，有的人乍看之下很成功，但過了一段時間後，欺騙而來的不義之財往往會長翅膀飛了。我們帶給別人的傷害，等於就是傷害自己。《聖經》說你要愛鄰舍如同自己，你的鄰居是你，他人也是你。

竊取別人的財物，就是竊取自己的財物。當我們被困在匱乏與受到限制的情緒中時，這種負面情緒會具體顯化在身體、家庭生活及工作上。

無論什麼時候、在什麼情況下，靠欺騙來累積財富的人都不能長久成功，因為他們的內心不得平靜。如果你夜不成眠、生病或懷著愧罪感，有錢又有什麼用呢？

我在倫敦認識一個人，他曾經是個職業扒手，攢下了一大筆錢。他在英國生活豪奢，法國還有一處避暑別墅。他跟我說，當時他每天都過得提心弔膽的，深怕哪天東窗事發被警察抓走；身體還有不少毛病，無疑是長期的恐懼與愧罪感

造成的。他知道自己做了錯事,這種深深的愧罪感給他招來了各種麻煩。後來他入獄服刑,出獄後洗心革面,腳踏實地工作,重新成為誠實守法的好公民。他找到了自己喜歡做的事情,人也變得快樂起來。

✦ 重複溫習逆勢反轉法則

　　成功不需要有意識地拚命努力或花很多精力去強求,你為追求成功的努力應該是順勢而為的、毫不費力的。最大挑戰是學會如何將有意識的渴望或願望傳遞到潛意識,並克服所有的消極面。

　　法國精神分析師及心理學家查爾斯・鮑多因,提出實現願望的獨特方法:「要做到這件事有個很簡單的保險方法,就是把想法濃縮成一個好記的短句,當成暗示來用,然後像搖籃曲一樣一遍遍地重複。」

　　採行下面的步驟:

1. 全身放鬆,感覺有睏意,進入半睡半醒的狀態。
2. 把注意力集中在成功的心靈畫面上。
3. 像搖籃曲一樣重複「成功」一詞,直到真的感覺自己

非常成功。

4. 繼續重複「成功」一詞，直到入睡。

當你深刻、有愛地複誦「成功」一詞，就會誘發與成功相關的情緒，而情緒是有創造力的能量；然後，你會帶著成功的感覺入睡。成功的想法會烙印在潛意識中，潛意識會給你點子、特質、朋友、金錢等資源，以及代表你採取行動的力量。潛意識會創造與你信念一致的環境與條件。

永遠不要低估人類精神的創造力。每一個成功的計畫，所有步驟都是由這股能量推動的。我們的想法具有創造力，當想法與感覺融合後會成為主觀信念，繼而烙印在潛意識中，接著潛意識會把主觀信念變成客觀的現實。

我們的想法具有創造力。

認識你內在的強大力量，它能實現你全部的願望，給你信心與平靜。不論你的專業領域是什麼，都要學會生命法則，以及「認識自己」。等你知道如何運用生命法則，並為自己與別人服務，你就是走在通往真正成功的正途上。如果你參與了神聖的大業，那麼神聖存在會為你效勞，任何障礙

都擋不住你。一旦你有了此一認知，天上或人間的任何力量都不能阻撓你成功。

✦ 相信自己的真實力量

有個工程師曾經對我說：「分派給我的三個案子，全搞砸了，我一敗塗地。」於是，他開始意識到自己有多害怕失敗，甚至認定自己會失敗。他的心態完全改變了。他承認道：「以前的我相信自己會失敗。但從這一刻起，我要相信自己會成功。」他的座右銘變成：「凡是我能想到並相信有可能的事，我都能做到。」請把這句話銘記在心。

沒錯，凡是你想到並相信有可能的事，你都能做到。這個工程師開始覺知到自己內在有一種無所不能的力量，是他可取用的。他開始尋找答案——他可以獲得的力量與智慧，以完成他原本認定無望的事情。現在他對成功有了信心，也期待成功降臨。信心是有傳染力的，每個在他手底下工作的人，也全都對成功寄予厚望。

再來看看一名年輕女性瑪麗的故事，她聽了我在紐約市的一次講座後來見我，並問了我一個古老的問題：「我怎樣才能學會相信自己？」

我們的意識有各種不同的層次，而我進入了與這名女性一樣的意識層次，然後用一個簡單的問題回應她：「妳現在最想要的是什麼？」

我知道有些讀者會回答：「我想要神聖的知識、真理、智慧與理解。」這當然是高層次的渴望，但她的答案是：「一台縫紉機！」

下一步是教導她如何得到心心念念的縫紉機。我向她解釋，一台機器就是一個神聖的想法。

她是這樣做的：一天晚上，她安靜地坐在沙發上，身體放鬆、內心平靜，想像面前擺著一台縫紉機。她想像自己伸手去感覺縫紉機是真實存在的實體，還想像自己正在使用縫紉機。在她入睡之前，她感謝源頭所賜予的一切可見與不可見之物。

她這個祈禱的後續發展很有意思。住在同一棟公寓的另一名女性來敲瑪麗的門，問她是否想要一台縫紉機。對方表示自己要去度蜜月，所以想把縫紉機送人。瑪麗接受了！

瑪麗說：「這樣做真的有用耶！」她已經親自驗證過了。接著她想要一張掛毯來裝飾牆壁，結果也憑著宣言得到了掛毯。瑪麗思忖著：「我也可以用相同的方法成為優秀的舞者。」我們知道要讓假設成真，就得在意識中建立該假設

的性質與特徵，並帶入我們的真情實感。瑪麗客觀的感官覺知不認為自己是優秀的舞者，但她懂得如何運用法則，這給了她信心與自信：憑著對法則的深刻了解，她可以表達自己的渴望。這不再是無知的盲目信心，而是基於對神聖理解所產生的堅定信心。她知道，任何感覺起來很真實的想法都會被主體化（subjectified），潛意識便會以它自己的方式去落實。瑪麗也知道，生命法則同樣會回應負面的想法及意念。她已經明白潛意識就像鏡子一樣：凡是她放在潛意識前面的畫面或想法，都會映射到客觀的世界中。

我們知道，除非有恐懼、焦慮、憤怒或其他負面情緒的能量灌注，否則負面的想法傷不了人；而正面的想法，也只有在我們真心認同它是真實的時候，才能發揮力量。

瑪麗的所有言行舉止，都確信自己真的是一名優秀的舞者。因此，她在自己身邊創造出一股精神氛圍，以吸引圓夢不可或缺的所有特質與屬性。金錢、朋友、教師、介紹人，以及所有能夠促成她成長及進步的因素都被吸引了過來。後來，她真的學有所成並受聘於一家舞蹈學院，成為老師們的老師。

本章重點

◆

- 你的境遇或環境（即命運），無法限制你對這個世界的想法或感受。恰恰相反，你對這個世界的想法或感受，會限制你的經歷、境遇及所處的環境。

- 成功不需要你有意識地拚命努力或花很多精力去強求，你為追求成功的努力應該是順勢而為的、毫不費力的。最大的挑戰是學會如何將有意識的渴望或願望傳遞到潛意識，並克服所有的消極面。

- 相信自己，相信你有能力獲得渴望的成功事業。你是神聖的，透過潛意識，所有的能量、物質及宇宙的神聖智慧都任由你差遣。

掌握自己的人生

很多人已經習慣將自己的人生交託給他人或外力。他們不會主動、積極地過好自己的日子，只會消極、被動地回應，誤以為這就是他們的命運。簡單來說，他們允許別人、境遇、事件及環境任意擺布他們的人生。然而，你可以掌控自己的人生，只要你把注意力從變動不定的世界轉回到自己身上，向內連結永恆的神聖真理與力量。

　　我時常收到來自全美各地與許多國家的信件，發現大部
分的來信者都經歷過命運的大起大落，在幸與不幸之間劇烈
擺盪。

　　許多人會寫或說這一類的話：「有好幾個月我都過得很
不錯，身體跟財務狀況都很好，然後忽然間，我就進了醫院
／發生意外／財務大失血。」也有人說：「有時我很快樂、
活力充沛、充滿熱情，有時又被突如其來的抑鬱浪潮淹沒。
我不明白怎麼會這樣。」

　　不久前，我跟一位公司主管談過，幾個月前他達到了他
所謂的成功顛峰，哪知沒多久風雲變色，套用他本人的說法
是「天塌下來」砸到他了。他沒有房子，老婆跑了，在股市
損失了一大筆錢。

　　他問我：「為什麼我會在爬到高峰後又突然摔下來？我
做錯了什麼？怎樣才能掌控這些人生起伏呢？」

✦ 一名忙碌的主管如何掌握人生

　　這個高階主管想擺脫運勢與健康的波動，過一種相對平
衡的生活。我向他解釋，就像他每天開車去上班一樣，他也
可以駕馭人生的方向盤：綠燈時前進，腳離開煞車去踩油

門；紅燈停車，遵守交通規則，在神聖秩序中抵達目的地。

我給他以下的靈性配方，交代他在早晨上車前、午飯後、晚上臨睡前都要反覆地肯定以下的真理：

> 我知道，我可以掌控自己的想法與想像。我掌控全局，可以命令想法聚焦在渴望的事物上。我知道神聖力量存在我之內，現在我重新啟用這股力量，讓它回應我的精神召喚。我的心智是神聖的心智，始終都能反映神聖的智慧與智識。大腦象徵我擁有明智及靈性思考的能力。我總是泰然自若、平衡、安適、冷靜。神聖想法支配並控制了我的心智，我不再被暴起暴落的情緒、健康、財富所影響。我的想法與言語總是富有建設性與創意，祈禱時，我的話語充滿了活力、愛與情感，這讓我的宣言、想法和言語具有創造力。神聖智慧透過我運作，並揭示我需要知道的事情，而我安然自在。

這個高階主管養成了習慣，規律、系統化、堅定地複誦這篇宣言，持續一段時間後，他的心智逐漸回復到和諧、健康、安適、鎮定的狀態。他不再遭受所謂的命運捉弄，過著安穩、平衡且富有創造力的生活。

✦ 一位教師如何克服挫敗

在跟我面談時，一位女教師開門見山地說道：「我真的是一籌莫展。失戀讓我心如死灰，身心都生病了。我充滿了愧罪感，完全無法思考。梭羅（Henry David Thoreau）*說得沒錯，大多數人都在死寂的絕望中度過！」

這個年輕女孩博學、聰慧，卻一再地貶低自己，充滿了自我譴責與自我批判，這些都是要命的精神毒藥，會奪走你的活力、熱情及精力，讓你的身心俱毀。

我向她解釋，生活總會有起落、抑鬱、悲傷與病痛，直到我們決定掌控人生，主動抱持建設性的想法為止。否則，所有人都會受制於群眾心智，相信病痛、意外、不幸與悲劇。不僅如此，我們還會覺得自己擺脫不了外在條件與環境的控制，因為很多人都是家庭教養、灌輸及遺傳的受害者。

我們的心態、信念及制約，決定了我們的未來。我接著說明，她會有目前的狀況，只不過是因為她多年來在有意無意間，已經習慣性地接受了一再重複的成千上萬個念頭、畫面及感受，並把它們奉為圭臬所致。

* 譯註：美國詩人、自然學者，著有《湖濱散記》。

「不僅如此，」我補充道：「妳說妳喜歡到處旅行，幾乎走遍了全世界，卻一直沒有走進自己的心。妳就像電梯操作員所說的：『我整天都在上上下下，但我的人生卻不上不下。』妳翻來覆去地都是同一套老舊的思考模式和紙上談兵式的願望——每天千篇一律的生活，還有上司、學生及校委會不斷帶給妳的精神壓力、混亂及不滿。」

最後，她決定做出明確的改變，擺脫一成不變的生活，開始體驗生命的美好、滿足及榮耀。她每日幾次誦讀下文的真理，因為她知道，有意識地主動接受這些觀念，可以傳遞到潛意識中，再透過反覆的宣言，便可以重新設定她的心智去認同自己應得的成功、幸福與快樂的生活。她每日服用下列的靈性藥方幾回，一再地加以肯定：

> 我要進入自己的內在，展開智性與靈性的旅程，發掘內心深處的永恆寶庫。我絕對要打破老舊的習慣，每天早上換一條上班路線，也會走不一樣的路回家。我的想法不再被報紙的頭條牽著走，不聽關於匱乏、限制、疾病、戰爭、犯罪的流言蜚語與負面想法。我知道我這輩子的作為與經歷，全都是由我的想法而起——不管是有意識的或無意識的想法。我明白，如果我不自己思

考，群眾心理就會影響我的潛意識，替我思考，而群眾心理大都是具破壞性的負面思考。

我的心智正在經歷一場革命，我知道生活將會因此而脫胎換骨。所有的抱怨、抗拒都會立即停止，因為這種態度只會放大我的問題。我現在很肯定並慶幸自己是神聖的表達，而創造者需要我在這裡，否則我必不會在這裡出現。神聖存在活躍在我的生命中，為我帶來和諧與平靜。

透過每天複誦這篇宣言好幾次，這個大學老師在生活中創造了奇蹟。她認同了充滿自信的有益想法，並確信在潛意識撒下的所有心智種子都會開花結果，於是愛情來了，她嫁給了大學校長！在開啟內在的靈性體驗後，不僅她的教職升了一級，還發現了繪畫的優異天賦，從中找到了無窮的快樂。現在，她釋放了禁錮於內的光輝，你看，正面的宣言確實會對人生產生積極的影響。

✦ 心智認定為真，潛意識就會幫忙實現

有位藥劑師向我吐露：「我跌落谷底了，我要怎麼翻身

呢？小偷在我的店裡偷走了好幾千美元的商品與現金，而保險只理賠部分損失。我還在股市虧了不少錢。你怎能要求我對這種處境存有建設性的想法呢？」

「這個嘛，」我回答：「你想要有什麼想法，都可以自己選擇。你失去什麼，與你怎麼看待它是兩回事。問題不在生活對你做了什麼，而是你如何回應。」

我繼續指出，竊賊和股市都沒有能力偷走他的白天與黑夜、健康、太陽、月亮與星星。「你在精神及心靈上是富裕的，你有深情、善良、體貼的太太，還有兩個上大學的好兒子。沒有人能偷走你對藥劑學、製藥化學的專業知識，也沒有人拿得走你對生意的敏銳度與智慧——所有這些都是心智的財富。

「竊賊拿不走你對潛意識法則的知識，也奪不走你內在的無限之靈。你老是想著不好的事，那實在太蠢了。歌頌好事的美好吧！現在正是你喚醒內在神聖天賦的時候了，並在光明中前進。與神聖存在及神聖力量結盟，生命的各種豐饒都會回到你身上。

「現在，」我說：「你已經知道除非得到心智的認定，否則你不可能得到或失去任何東西。因此，除非從理智到情感上你都認同了損失七萬美元，否則你不算認可了這筆損

失。而凡是你心智宣稱並感覺為真的事物，你的潛意識都會予以尊重、認可，並為你實現。這是行動與回應的法則，放諸四海皆準。」

於是，他做出如下的宣言：

> 我隨時對負面的想法保持警惕，只要一浮現就驅逐出去。我信任無限的力量與神性永遠都是良善的，也相信永生靈的指引。我敞開心智與心，讓永生靈進來，而我發現並感知到的力量、智慧和理解與日俱增。
>
> 從理智到情感我都認同這七萬美元，我明白除非我自己接受了這筆損失，否則我不會損失任何東西——而我無論如何都會拒絕接受這筆損失。我知道潛意識是怎麼運作的，它總是把我放進潛意識的東西予以放大、強化；因此，這些錢會迅速回到我身上，連搖帶按，上尖下流地倒在我的懷裡 *。
>
> 我知道我不會再經歷到生活的起起落落，但我將會過得更活躍、更有創造力、更均衡，也更有意義。我知

---

* 編按：此段文字出自《路加福音》第6章第38節：「你們要給人，就必有給你們的，並且用十足的升斗，連搖帶按，上尖下流倒在你們懷裡。」意味著你給出什麼、給出多少，必會得到什麼、得到多少。

道這份宣言是從至高點來默觀神聖真理，也知道自己的慣性想法與觀點會在心智中占上風，並掌控、支配我的全部際遇。我的家庭、我的店、我的全部投資都受到神聖存在的庇護與看顧，而全能的盔甲會包圍著我、裹覆著我。我的生活有如魔法般令人沉醉。我知道永遠保持警惕是平和、和諧、成功及富足的代價，而我的目光只望著全能者，任何險惡都阻擋不了我。

該藥劑師養成了早晚複誦這些永恆真理的習慣，幾週後，他的股票經紀商來了電話，高興地通知他股市反彈，他賠的錢全都回來了。不僅如此，他持有十年的一塊土地也以六萬美元的高價賣出，而那塊地的原始投資只有五千美元。

他由此領悟到了心智的神奇運作，並意識到人生未必要起起伏伏地折騰。

✦ 超越群眾心理

群眾心理是指這個世界幾十億人口的集體意識，所有的想法都會進入單一的普世心智中，不需要太多的想像力，就能知道哪一類的畫面、感受、信念、迷信及醜惡的負面想

法，會烙印到這個普世共通的心智中。

另外，世界各地也的確有許多人正在將愛、信念、信心、歡喜、善意及成功的意念灌注進群眾心理，還要再加上克服問題的滿足感、成就感、勝利感，以及對所有人散發出和平與善意。然而，這種人依然只占極少數，群眾心理的主要特質還是偏負面的。

群眾心理相信意外、病痛、不幸、戰爭、罪行、禍患及各種災難。因此，群眾心理充滿了恐懼，而恐懼則衍生出仇恨、惡意、憤恨、敵意、怒氣及痛苦。

由此可見，任何願意動動腦的人，很容易就能意識到除非學會科學地駕馭心智的力量，並具備相當的防護力，否則將會承受各種考驗與磨難。我們所有人都要面對群眾心理的影響、負能量的蠱惑、政治宣傳的操縱與力量，以及來自他人的各種意見。如果我們拒絕有意識地思考，就會在幸與不幸、苦難與幸福、富裕與貧窮之間來回擺盪。如果我們不肯從永恆的原則與真理的角度來獨立思考，就只會是群眾裡的一員，免不了要經歷極端的生命情境。

以建設性的想法及觀想來完全控制心智，就可抵銷群眾心理的負面暗示（記住，群眾心理無時無刻不在攻擊我們所有人的心智）。透過認同和諧、健康、富裕、和平、快樂、

完整和完美的原則，你可以超越負面的群眾心理。一旦養成這樣的習慣，通過吸引力法則的運作，你將會把神聖的特質與屬性吸引到你的生活及體驗中。

以下是一篇出色的宣言，可以讓你超越群眾心理，提高對虛妄信念及恐懼的免疫力：

> 神聖存在以和諧、健康、財富、和平、快樂、完整、美好與完美等特質流經我。永生靈透過我思考、說話及行動，因此我受到神聖全方位的指引。神聖的正確行動支配著我，神聖法則與秩序掌控我整個人生。神聖的永恆之愛總是環繞著我，療癒之光包覆著我。每當我的想法在恐懼、懷疑或擔憂之間飄移不定時，我知道這是因為我內在以群眾心理的想法在思考。此時我會立刻勇敢地宣告：「我的想法是神聖的，而神聖力量會與我良善的想法同在。」

持續認同並默觀以上的宣言，你將會超越生活的紛亂、困惑、極端與悲劇。你不會再經歷起起落落，而是享受有建設性、有活力、充滿創造力及有賺錢機會的生活。

幾個月前，一名北卡羅萊納州的女子來信，她認為這個

世界快毀滅了，道德淪喪、貪腐嚴重，青少年暴力、犯罪及醜聞屢見不鮮。接著她補充：「只要有一顆原子彈，隨時都可能毀滅我們。我們置身在這個墮落、色情、不義的罪惡淵藪中，如何能與神聖的頻率對齊呢？」

我承認她並沒說錯，也因此我們必須與群眾心理切割。這位女士必須有能力超越世界的消極面，她所要做的就是好好看看四周，那麼就會發現還有千千萬萬的人是幸福的、充滿活力的、快樂的、自由的，他們過著有建設性的生活，以無數種方式為人類做出貢獻。

我們見證過維多利亞時代的極端狀況，對性的禁忌與限制，讓壓抑的人們走向了另一個極端，也就是如今全世界都在經歷的失德與淫穢。

古老的希伯來智慧是這麼說的：「變動不休才是萬物的本質。」你必須從內在找到定心錨來拴住自己，然後做出神聖的調整。與你內在的無限力量調諧，讓祂指引、導向及支配你的所有方面。你的意識要將神聖智慧奉為圭臬，宣告祂是你用來塗抹智慧的膏油、是你腳下的燈，也是你道路上的光。以下是我為這位苦惱的女士撰寫的宣言：

我明白自己不能改變世界，但我知道可以改變自

己。世界是由個體組成的，而我知道受到群眾心理、政治宣傳及五感世界支配的人，難免會承受人生的悲劇、悲傷、意外、病痛及失敗，直到他們學會以療癒、祝福、啟發、鼓舞及崇敬靈魂的神聖觀念來控制心智為止。我明白廣大群眾因為受到群眾心理的影響，充滿了錯誤及虛妄的信念，還有各式各樣的消極面。

從這一刻起，我不再與環境或境遇抗爭，不再充滿怒氣地對抗顛覆的、傷風敗俗的或權貴貪腐的新聞。我會撰寫有建設性的信件，寄給國會議員、參議員、電影製作人、報社，並祈禱每個地方的每個人都會採取正確的行動，維持美、和諧及和平。我與無限的步調一致，神聖法則與秩序支配我的生命。我受到神聖的引導與啟發，神聖的愛充滿了我的靈魂，光、愛、真理與美如波浪般擴散出去，凝聚成靈性振動的巨浪，這種巨浪往往可以提升所有的人。

這名年輕女子最近打電話給我說道：「你的信令我大開眼界，現在的我超開心的！因為我知道，改變必須從我的想法開始。既然我與無限是一致的，我當然也與世界上所有人內在的神性是一致的！」

本章重點

- 駕馭你對人生的想法、畫面、情緒與反應,就像你把車子開向正確的方向一樣。

- 把你的所思所想放在生活上的渴望及目標。只有你才能控制自己的想法,而想法會決定你的命運。

- 複誦宣言時,為你的話語注入生命、愛、期許、感恩及其他的正向情緒。

- 除非你能控制自己的想法和情緒,否則就會在幸與不幸之間折騰,並受到群眾心理的負面影響。

- 很多人行遍天下,卻走不進自己的心。向內走,包括心靈與靈性,你會在內心深處發現天堂的富饒。

- 你的所作所為與所經歷的一切,都是你的意識及潛意識想法的產物。想著好事,好事會隨之而來。

- 你可以全權決定對任何事的看法，你所失去的、所遭受的痛苦，與你如何看待它們是兩回事。

- 除非你心裡承認有損失，否則不會失去任何東西。

- 群眾心理大都以負面的思維與情緒為主，那裡面是幾十億人的恐懼、懷疑、迷信、怨恨、嫉妒、貪婪及欲望。

- 透過認同和諧、健康、富裕、和平、快樂、完整和完美的原則，你可以超越負面的群眾心理。

- 與無限智慧的振動頻率調諧，感受並知道無限智慧支持、控制及引導你的生活，而你會過著平衡、有創造力的人生，免於命運的劇烈擺盪。

- 讚美在你之內的神性，明白神聖的愛充滿你的靈魂，而神聖智慧滋養你的智識，如此便可以超越群眾心理的一切奴役與束縛。

———

釋放無窮的力量，
造福一切

生命及生命所提供的一切都應該在我們身上自由流
動，為我們所用與分享。當我們疏遠別人，貪婪地抓
緊財富、權力和經驗時，就停止了生而為人的自我成
長。更糟的是，我們還把自我設限的信念傳送給主觀
心智，讓它依據錯誤的信念來行動。想讓財富流進我
們的生活，就需要讓財富也能夠流出去，用這些流通
的財富來造福自己與他人。

在巡迴講座期間，我曾在科羅拉多山區為一群人講課。後來在午餐聊天時，主辦人說大部分的人都過得太小心翼翼，以至於無法過充實又快樂的生活。

他告訴我，以前有一名老人住在附近山上的小木屋裡。他總是看起來很疲憊、沮喪、擔憂和孤獨，鄰居們都替他感到難過。他穿得一身破破爛爛，有一輛一九七〇年代出廠、破銅爛鐵似的老車子。他似乎沒有活著的目標，顯然也沒有親人。他偶爾會去雜貨店，每次都跟店家買不新鮮的麵包和最便宜的食物，通常是精打細算地用銅板付帳。

當他連著兩週不見蹤影時，鄰居們去了他的小木屋，才發現他已經過世了。警長在陳舊的小木屋翻找老人親友的名字，或是他真實身分的線索。結果讓人出乎意料，這個看起來一窮二白的老人家竟然有一捆捆的鈔票，每捆二十五美元，總額破十萬。顯然是他年輕時賺的，他沒有投資，也沒有將錢存在銀行裡。

他積攢了一大筆錢，卻依然過著縮衣節食的生活，沒幫助其他人，也沒把錢用於投資，賺利息和股息。主辦人說這個老人是恐懼心理作祟——害怕如果別人知道他有錢，小偷就會上門。他有一大筆財富可以享用，原本可以擁有美好的人生，過著快樂許多的生活。但負面的想法破壞了這一切。

✦ 你擁有可以跟人分享的富裕寶庫

無限的寶庫就在你之內。你有鑰匙可以打開這間放著各色珍寶的庫房，這把鑰匙便是你的想法，想法可以帶給你各種富足，多到超過你想要的所有一切，比那個忐忑不安的老人所擁有的，還要多得多！

你的這把鑰匙可以打開全世界最美好、最神奇的力量，那是在你之內的無限力量。首先，向你之內的神聖存在與力量尋求知識與覺知，然後你渴望的一切便會添加到你身上。

記住，你的力量就是造物主的力量，只是一般人因為習性與無知而不會使用。你擁有可以分送出去的財富，那是在你之內的永生靈給你的大禮，你要做的，就是活化祂。愛與善意就是你可以與他人分享的禮物，你的微笑與愉快的問候、稱讚並感謝同事與員工，或是與身邊的每個人分享創意點子與神聖的愛，都是你隨時能做的事。

你可以在兒女身上看見神聖的智慧，當你有意識地、有感情地將其召喚出來，你所領受到的與感受到的，便會在兒女的生命中重現。你可以得到價值不菲的新點子，然後跟世界分享——也許是一首奏鳴曲、一項發明、一齣戲劇、一本書，或是一個可以擴展生意或職業的創意發想，都能為你和

別人帶來祝福。

記住，你擁有的唯一機會是你為自己開創的。這是千載難逢的機會！從現在開始，用心去挖掘、取用你內在的無限寶庫，你會發現自己正在不斷地向前、向上前進。

✦ 提升自己，與願望匹配

幾年前的課堂上，我們洛杉磯教堂的風琴手薇拉·拉德克里夫（Vera Radcliffe）分享了伊格納奇·帕德雷夫斯基（Ignacy Paderewski）扣人心弦的故事，講述他如何度過種種磨難，成為世界著名的鋼琴家。那個年代的著名作曲家與音樂權威，都說他當不了鋼琴家，應該死了這條心。他在華沙音樂學院的教授們，也竭盡全力地勸他放棄。他們說他的手指形狀不好，或許可以試著作曲。

帕德雷夫斯基拒絕接受他們的負面言論，而是認同自己的內在力量。他認為自己有一份可以與全世界分享的寶藏，那就是神聖的旋律與天籟之音。

他勤於練習，每天苦練好幾個小時。在數不清的音樂會上，他都得承受疼痛折磨。但他不屈不撓地堅持了下來，最終換來了豐碩的回報。內在力量回應了他的召喚與他的努

力。他知道勝利的關鍵，在於連結自己內在的神聖力量。

時光荏苒，帕德雷夫斯基的音樂才華得到全世界肯定，備受各界推崇，他觸動並感受到自己與內在的偉大音樂家（宇宙至高無上的建築師）是一體的。

就跟帕德雷夫斯基一樣，你的能力完全可以拒絕權威人士的負面暗示，不聽他們說你不能成為哪種人、不能擁有渴望的東西。就像帕德雷夫斯基，你也要明白，給了你願望與才華的神聖存在，也會為你打開一扇門，為你揭示圓夢計畫所需要的力量。

相信你內在的神聖力量，你會發現這種存在與力量將會提升你、療癒你、啟發你，帶你走上快樂、平靜及實現理想的康莊大道。

✦ 如何面對看似不公不義的世道

在一次夏威夷之行中，有個襄理對我說：「這個世界上沒有正義，所有一切都很不公平。企業沒有靈魂，沒有心。我賣力工作、每天加班到很晚，可是我底下的人升職了，我卻被晾在一邊。真是太不公平、太沒天理了。」

我的解釋如一帖良藥，成功平息了這個男人的怒火。我

承認世界存在著不公平，正如蘇格蘭詩人羅伯特・伯恩斯
（Robert Burns）所說「人類對同類的殘忍無情令無數人哀
痛」，但是潛意識法則不會循私，任何時候、對任何人都是
客觀、公平的。

潛意識會接受想法所留下的印記，並做出相對應的反
應。決定你前進方向的是船帆，而不是風。你會升職和成
功、失敗或失去，端看你內在的想法、感受及想像，也就是
你的心態，而不是負面想法的風，也不是來自外界的恐懼浪
潮。法則是公正的、準確的，你的經歷是慣性思考及想像在
現實世界的精確重現。

決定你前進方向的是船帆，而不是風。

我簡單扼要地跟這個年輕襄理說了葡萄園工人們的老故
事。葡萄園所有工人的工資都是一分錢，即使是下午五、六
點才來的人，領的工資也跟工作一整天的人一樣；上午九
點、中午、下午三點過來的人，都拿到同樣的酬勞。當工人
們看到只工作一小時的人也拿到相同的工資後，他們嫉妒又
生氣，但他們得到的回答是：「當初不是你們答應要以一分
錢的薪水來幫我工作的嗎？」

我告訴這個年輕人，當他滿腦子想的都是職場不公時，他是在「賤賣自己」。這些有意識的想法會傳遞到潛意識，除非他改變想法，否則他就是「同意為一分錢工作」。所以說，他必須控制自己的想法，命令潛意識去實現他想要的地位與酬勞。

我補充說道：「你心裡又怨又生氣，對你的雇主充滿譴責和批評。這些負面暗示會進入你的潛意識，導致你無法升遷，財力與名聲也不見成長。」

我給他以下的靈性配方，要他每日練習：

我知道心智法則是公正的，凡是我留在潛意識的印記，都會精準地反映在現實世界及處境中。我知道我正在運用心智法則，而法則不會徇私。我在心智法則之前是平等的，這表示只要我相信，事情就搞定了。我知道公正意味著公平、正義、大公無私，我也知道潛意識是客觀的、不偏不倚的。

我明白自己一直在生氣、怨憎、嫉妒，也曾貶低、批判、譴責自己。我曾在精神上迫害、抨擊並折磨自己，我知道法則是「存乎中形於外」的；因此，我的老闆和同事都客觀地證實了我的主觀想法和感受。

凡是我內心徹底接受的,都會成為實際經歷,無論條件、情況或權力如何。我祝福所有同事萬事如意、步步高升,我對每個地方的每個人都帶著善意與祝福。升遷是我的;成功是我的;正確行動是我的;財富是我的。當我認可這些真理時,我知道它們已經儲存在我的潛意識中,而潛意識是創造的媒介,奇蹟正在我的生命中發生。

每天晚上臨睡前,我都會想像妻子祝賀我升遷。無論是精神上或情感上,我都感覺這是真的。我閉上眼睛,昏昏沉沉、半睡半醒,心智處於順從、接收的狀態,但我聽見了妻子的祝賀,感受到了她的擁抱,看見她的姿態。整場心靈電影十分生動逼真,我就在這種心情下入睡,知道神聖智慧會在我睡著後完成任務。

這個年輕的襄理發現了心智法則,並認可心智法則的公正無私。他的意識將對的想法、對的畫面及對的感受奉為圭臬,於是潛意識做出相對應的回應,從而改善了他的外在環境。這便是心智的公正。不管是昨天、今天或永遠,心智法則始終如一。在做了這個練習幾個月後,這個年輕人獲聘為公司總裁,效果好得超過了他最渴望的夢想。

✦ 讓一名女性富上加富的富裕分享

幾年前，我與一名加拿大婦女有過多次妙趣橫生的對話。她告訴我，金錢與財富對她來說就像呼吸的空氣一樣，她覺得自己自由如風。她從小掛在嘴上說的是：「我很有錢；我是神的女兒；神賜予我豐富的一切供我享用。」每天她都要說上好幾次。

她身家好幾百萬美元，捐款贊助大專院校，為偏遠地區的優秀學生、醫院及護士培訓中心設立獎學金。她對這些慈善公益樂在其中，但事前會先明智、審慎地評估並提供有益的幫助，結果她竟然比以前更富有了。

有一天她對我說：「你知道『富者越富、貧者越貧』的古老格言真是一點都沒錯。對那些抱持富足與豐盛意識的人來說，財富是根據宇宙的吸引力法則流動的。認定自己會貧窮、艱困及匱乏的人，按照心智法則的運作，他們的貧窮意識只會吸引到更多的匱乏、困苦及貧窮。」

她的話多少符合事實。誠然，在某些地區出生的人或天生擁有某些優勢的人，資源比別人豐富，成功機會也比別人多。對他們來說，正向思考可能比出身貧困的人更容易。但無論如何，富足仍然是個人思維的產物，也與個人如何處理

手上的資源與機會有關。只有這樣，才能解釋為何有人可以脫貧致富，而有人同樣擁有類似的背景、體能、認知能力、教育、才華與資源，卻一輩子過得苦哈哈。

許多生活貧困的人會嫉妒、怨憎鄰居的財富，這種心態只會讓他們的生活更匱乏、更貧窮。他們不知不覺中阻撓了自己的好事。然而，只要他們能夠敞開心胸去接受生命的真理，明白自己也握有開啟內在寶庫的鑰匙，就可以擁有足以分享給他人的財富。

以下的例子說明為何每個人都有財富可以分享。

✦寶物就在身邊，他卻看不見

一個住在阿拉斯加北部的朋友曾寫信給我，說他忍受不了自己現在的生活了。他覺得前往阿拉斯加尋找淘金機會是悲慘的錯誤決定，他的婚姻告吹，當地物價太高，詐騙與漫天要價的現象比比接是。連他上法院解除婚姻關係，都碰到不公正的法官。於是，他的總結是：這個世界不公不義。

他沒有誇張。只要收聽晨間新聞就能知道，犯罪、貪腐、陰謀、濫權與其他不公不義的消息每天層出不窮——但千萬記住，新聞是人造的產物，而我們可以與群眾拉開距離。

　　你可以超越群眾心理、人類的殘忍與貪婪，追隨正確行動與絕對正義。神聖存在就是絕對正義、絕對和諧、全然的祝福、無限的愛、滿溢的喜悅、絕對的秩序、無法言說的美、絕對的智慧及至高無上的力量。這些都是神聖的屬性、品質與能力。一旦你多關注這些特質，默觀神聖的真理，就可以超越這個世界的不公不義與殘酷，建立起堅定的信心，從而對抗一切虛妄的信念與錯誤的觀念。

　　換句話說，你建立了對群眾心理的神聖免疫力，這是一種靈性抗體。雖然對於別人的負面想法與行動帶來的傷害，你還無法完全免疫，卻至少能夠避免別人的負面想法潛進你的心智。這樣的你會走不同的道路，不再與那些抱持負面想法與行為的人狹路相逢。

　　我在給朋友的回覆上，先鋪墊了以上的解釋。我寫信給他，建議他待在原地，並說我覺得他只是想逃離責任，尋求脫身之法。我為他寫了一篇簡短的宣言：

　　　　我所在之處，就是神聖存在的所在之處。神聖存在安住於我之內，祂需要我待在原地。在我之內的神聖存在是無限的智慧，祂為我揭示了下一步，為我打開了生命的寶藏。我感謝自己收到了答案，答案是一種直覺或

一個突然冒出來的想法。

他聽從了我的建議，最終與妻子和解了。他買了相機，拍攝加拿大北部與阿拉斯加的風光，並寫了短篇故事，賺了一筆錢（他說的是發了點小財）。一年後，他寄了兩千美元過來，說是給我的聖誕禮物，建議我去歐洲度個假，然後我真的去了。

我的朋友運用內在的寶庫找到了快樂，發現自己的機緣就在他所在之處。

✦ 一位教授如何發掘財富

最近我與一位大學教授談過話，他的哥哥是一名卡車司機，年收入有八萬五千美元，而他只有六萬五千美元左右，為此他相當氣憤。他生氣地說：「這太不公平了，我們必須改變制度。我吃了十年的苦才拿到博士學位，我哥卻連高中都沒畢業！」

這個教授在他的學術領域中表現相當傑出，但他不知道心智法則，也不知道我每天觀察到的收入差異有多懸殊。我向他說明，他可以超越群眾心理，超越五感心智，這種心智

是從環境、條件及傳統的立場來思考的。

於是在我的建議下，他開始每天早上練習「鏡子療法」，也就是站在鏡子前講肯定語：「財富是我的；成功是我的；升遷是我的。」他持續每天早上花五分鐘的時間來說出這些宣言，因為他知道潛意識會記錄他的這些想法。

他的感受逐漸改變了，開始覺得所有這些條件都是真的。一個月後，他收到了另一所大學年薪十萬的聘書。此外，他還突然發現自己有寫作的天分，初稿還被一間大出版社看中，日後將會帶來一筆可觀的收入。

教授發現自己並不是「制度」或大學薪酬規定的受害者，他幸運地發現了蟄伏在自己之內的力量，這也是他的資財之一。

✦ 一名女性的信心如何創造奇蹟

一名法務祕書向我抱怨：「我從來就沒有喘息的機會，老闆跟辦公室的其他人對我的態度刻薄又惡劣，連我的家人和親戚也對我不好。我一定是個掃把星，一點用也沒有。我乾脆自暴自棄算了！」

我向她開解，她的內心對自己很殘酷，而她的自我鞭笞

與自怨自憐必然會在外在生活具體顯現。也就是說，她身邊那些人的態度與行為，是在肯定及認可她的內心狀態。

後來她聽從我的建議，想像老闆稱讚她的專業知識及對每個細節一絲不苟，她還想像老闆宣布幫她加薪。每天，她都持續不斷地把愛與善意送給她遇到的每個人。

幾個星期以來，她每天都切實地維持著自己內在的心靈畫面，然後有一天，她的同事不僅稱讚她的工作表現，還向她開口求婚。她完全驚呆了。再過幾個小時，等我寫完這一章後，我就要出門去擔任她婚禮的主禮牧師了。

相信她已經找到了開寶庫的鑰匙了。

本章重點

- 命運與財富都從你自己開始，你的想法與感受會創造你的命運。所有神聖的力量、屬性及潛能都鎖在你的潛意識裡，而你有鑰匙可以打開，那把鑰匙就是你所選擇的想法與感受。

- 召喚你內在的無限智慧來獲得創意點子，只要你開口必有回應。

- 韌性、耐力和決心，可以幫你登上職場或人生理想的高峰。要把眼光放遠！

- 你擁有的力量，足以完全拒絕別人負面的、局限性的言論，請相信你內在至高無上的那股力量，它從不失敗。

- 決定你命運與機緣的是船帆，不是風。將你的船帆對準正確的方向，不要去理會這個世界的不公不義。

- 如果你同意「一天賺一分錢」的生活，生活也會這樣回應你。

- 你留在潛意識的印記，不管是好是壞，都將以形相（form）、體驗或事件等形式出現在你的生活中。

- 造物主給了你豐富的一切讓你享用，請相信並領受這些禮物，豐饒就會流入你的生活。

- 你付出越多，得到的越多。

- 你的財富就在你現在所在之處。你可以透過精神與情感來跟你渴望的好事連結，如此就可以超越這個世界表面上的匱乏與限制。

- 想賺更多錢、享受富足的生活，就別與他人比較，更不要嫉妒別人的財富或成功。

- 信心就是一種篤定的預期，認定心靈畫面一定會變成現實。

超越障礙的
神奇自我精進

人往往會犯下這樣的錯誤，在五感世界裡尋找問題的
解決之道。把對世界和別人的想法與感受，全都歸因
於自己的境遇和外在的現實。但真相是，所有的答案
與解決方法，早就以神聖真理的形式存在於我們之
內。任何外在的障礙都可以透過駕馭自我來解決，也
就是真正成為自己的想法、信念與行動的主人。

即使你與心智的宇宙力量完美接軌，也會遇到困難、挑戰及問題。它們看起來似乎勢不可當，但如果你對無限力量有信心，就會勇敢地如此聲明：

> 我將透過無限力量克服挑戰，這個問題將會解決。我要勇敢地去跨越難關，明白我將獲得所需要的力量、智慧和決心。我毫不懷疑神聖智慧知道答案，而我與祂是一體的。神聖智慧為我揭示出路，通往美滿的結局。我抱持著這樣的假設來行動，當我這樣做了，我知道障礙會消失——不復可見，消融在神聖之愛的光芒中。我相信這所有一切，全心全意接受這是事實；而事實就是這樣。

✦ 如何自我精進，擁有豐碩的收穫

前些日子，我與一名患有出血性潰瘍的女性面談，她說曾經住院兩個月，覺得自己的精神瀕臨崩潰。她的癥結可能與家庭及財務壓力有關。她說丈夫信不過她，每週只給她一點點錢維持家計、養兩個孩子，還動不動就質疑她把錢花到哪裡去了。丈夫不准她上教堂，認為所有宗教都是騙人的。

她喜歡彈鋼琴，但丈夫不肯在家裡擺鋼琴。

她順從丈夫扭曲、病態的想法，扼殺自己與生俱來的渴望、才華與能力。她憎恨丈夫，必須強力壓抑著怒火與沮喪，以致得了潰瘍、差點精神崩潰。她丈夫無知、自私、無情地反對她的想法與價值觀，嚴重擾亂了她的情緒。

我向這位抑鬱成疾、頗有才華的女士說明，婚姻不是恫嚇、威脅、壓抑另一半喜好與人格的許可證。我向她指出，夫妻必須給予彼此愛、自由及尊重，在婚姻中必不能膽怯、依賴、心生恐懼、卑躬屈膝。她在心理及精神上都必須重獲自由，並按照自己的心願在生活各方面尋求滿足。

後來我又跟夫妻雙方面談，建議他們不能繼續當拾荒者，緊抓著彼此的短處、弱點、小毛病不放，並且開始學著去看對方的優點及美好的品質。丈夫很快就發現到妻子的怨憎與壓抑的憤怒，是導致她身體不好的原因。他們協調出一份計畫，其中就包括妻子能夠在音樂及社交上自由表達，並且也同意基於彼此的愛、信任與自信，開立一個共同支票帳戶。最重要的是，夫妻都同意採用一份以永生靈及神聖和平為主軸的宣言，來肯定永生靈就存在於他們之內。

這對夫妻徹底遵守了協議書的內容，也認真在禱告時宣讀了我給他們的宣言。他們知道，凡是相信之事都會成真。

英文 believe（相信）是由 be、alive 兩字組成，在古英語的意思是「以想要的狀態生活」，如此就能在現實中成真。大約一個月後，我接到妻子來電，她說：「我活在你寫給我的真理中，這些真理牢記在我的心裡（潛意識）。」丈夫補充道：「我現在已經能夠控制我的想法、情緒和反應，而我的妻子也一樣。自我控制成了我們生活的常態。」夫妻兩人也發現，能夠協助他們建立完美生活的無限力量，始終都在他們之內。

✦ 一名喪氣的年輕人如何建立自尊，獲得肯定

有個年輕小伙子向我訴苦，說他在社交聚會中總是被人看不起，在他們的組織中，升遷機會也輪不到他。他還說，他經常在家裡招待客人，但他的同事與曾經去過他家做客的人，都不曾邀請他去他們家裡。因此，他對每個人都懷著一種強烈的憤怒情緒。

這個年輕人受過良好的教育，在說起童年與家庭環境時，他告訴我，他父親是新英格蘭的清教徒，母親在他出生時就過世了，因此是父親一人將他撫養長大的。他的父親脾氣暴躁又專制，經常對兒子說：「你一無是處，永遠都不會

有出息。你這個笨蛋，怎麼就不像你哥哥那樣聰明呢？你的學校成績讓我很丟臉……」可以聽出這個年輕人恨他的父親。他在一直被否定的環境中長大，下意識地認為自己不會被人接納。用通俗的話來說，就是他怒火中燒，在人際關係方面很敏感。同時，他主觀認定別人會排斥他，也因此一直害怕被拒絕，覺得別人不是會粗魯地冒犯他，就是會隨便「打發他」。

我向他指出，他不僅害怕被人看扁、被人拒絕，而且還將對父親的敵意和憎恨投射到別人身上。他克制不住地希望在別人的態度、言語和評論上，找到貶抑他、拒絕他、漠視他或不理睬他的蛛絲馬跡。我跟他講解了心智法則，並擬定一個非常實際的計畫，幫助他克服遭人排斥的情結，重新掌控他的人生。

解決這類問題的第一步是要意識到，無論過去經歷了什麼，當你用永恆的真理與能夠滋養生命的思考模式來餵養潛意識時，便可以徹底鏟除往事的不良影響。由於潛意識會接受意識的暗示及控制，因此所有的負面模式、情結、恐懼、自卑都可以被抹除。這些是有益於生命的模式：

我認可這些真理是真實的。我是永生靈之子，永生

靈安住在我之內,是我的真實自我。從這一刻起,我會愛我內在的神性。愛就是榮耀、尊重、忠誠,忠於唯一的存在,也忠於唯一的力量。從今以後,我尊重決定我未來的神性。在我之內的這個神聖存在創造了我、支持著我,是我內在的生命法則。

我愛所有人,一如愛自己。我的鄰居跟我是最親近的,因為在我之內的神性,也在他們之內。每一天的每一個有意識的時刻,我都在尊崇、讚美及榮耀在我之內的神聖存在,對祂保持健康而謙恭的敬意。我知道當我這麼做時,也會自然而然地敬愛他人的神性自我。每當我想要批評或挑剔自己時,我會立刻聲明:「我榮耀、喜愛、讚美在我之內的神性,並且一天比一天更愛我內在的神性。」

我的神聖自我具有強大的療癒能力,我知道除非我先去愛、榮耀並尊重內在的神性及真實的自我,否則無法尊重和愛別人。我也知道,當我充滿感情、覺知及信心地複誦這些真理時,真理便會進入潛意識,於是我會不由自主地活出這些真理。因為潛意識的本質是強制性的,不論留下的是什麼印記,我都不得不表達出來。這是我所堅信的,一切真是太好了!

第二步是經常重申這些真理，一天三或四遍，以便養成有建設性的思考習慣。

第三步是永遠不要譴責、貶抑及打壓自己。每當「我沒用」、「我到哪裡都會倒楣」、「我不受歡迎」、「我不重要」之類的想法生起時，便立刻扭轉想法，說道：「我讚美在我之內的神性。」

第四步是想像自己以友好、親切、平易近人的態度與同事相處。想像你聽見上司稱讚你工作表現出色，想像朋友親熱地歡迎你到來。最重要的是，要相信這些心靈畫面，相信它們是真實的。

第五步是意識到無論你習慣性地想什麼、想像什麼或害怕什麼，都必然會實現，因為留在潛意識的印記都必須在空間的屏幕上（即真實世界）被表達出來，以經歷、處境及事件等形式出現。

這個年輕人認真執行上面的步驟，清楚知道自己在做什麼，以及這麼做的動機。由於他了解潛意識的運作方式，對於每天操練並應用這些技巧也就有了信心。漸漸的，他便把潛意識中的童年心靈創傷都清除乾淨了。現在同事會邀請他去他們家做客，連總裁及副總裁都招待過他。自從採用這些心理暗示技巧後，他連續升職了兩次，如今已是銀行的執行

副總。他知道這全要歸功於內在的宇宙力量，讓他知道如何自我掌控，不再受到過去經歷及事件的影響。當你相信，事情就搞定了。

✦ 一對夫妻如何化解婚姻中的不愉快

最近我收到一封來自德州女士的信：

> 親愛的墨菲博士：我讀了您的書《你內在的宇宙力量》（暫譯，*The Cosmic Power Within You*），獲益匪淺。我有個困擾，希望聽聽您的意見。我先生總愛用辱罵、諷刺、尖酸的言語來批評我，聽多了他的謊言，我再也不相信他說的任何一個字了。我們已經分房睡，沒有夫妻之間的親密關係。不管我做什麼樣的社區服務，他都會挑毛病。最近五年，我們家都沒有客人上門。我對我先生非常反感，恐怕我都開始恨他了。我已經離開他兩次了，也做過精神諮詢，尋求過心理輔導和法律建議。但我還是無法跟他溝通。我該怎麼辦？

我的回覆如下：

　　親愛的黛博拉：妳不能怨憎或討厭任何人，因為這種情緒或心態是心靈毒藥，會削弱妳的心智，奪走妳的平靜、和諧、健康與良好的判斷力。那些情緒會腐蝕靈魂，在妳的身體及精神上留下創傷。在妳的世界裡，妳是唯一的思考者，妳要為自己對丈夫的想法負責，怎麼想是妳決定的，因此責任不在他身上。

　　我建議妳別再試圖跟他溝通，就將他完全交託給神。活在謊言中是錯的，與其如此，不如就拆穿它。我們都有過這樣的經驗，在竭盡所能地試著解決問題後，就該遵循保羅所說的：「做完一切後，還能站立得住。」*也就是說，妳要信靠內在的宇宙智慧來解決問題。妳已經找過心理醫師、律師及牧師，可見還有心要療癒夫妻關係，但顯然目前尚未有解決方案。建議將妳的心思轉向有建設性的追求，並用新態度去對待妳的丈夫，比如告訴他：「這些事都不能動搖我。」

　　以下是一篇宣言範例，妳照著做便會奏效，因為宇

* 編按：出自《以弗所書》第6章第13節。

宙力量從不失敗：

「謹將我先生交託給造物主，是祂創造了他並維繫他的生命。造物主會為他揭示他這一生真正的歸屬之地，在那裡他會擁有神聖的快樂及祝福。宇宙智慧會為他揭示完美的計畫，指出他該走的路。宇宙力量會以愛、和平、和諧、喜悅及正確的行動流經他。我會在神聖的指引下做對的事及對的決定，我知道對我來說正確的行動，對我丈夫也會是正確的行動。我也知道，祝福一個人時也會給眾人祝福。每當我想起我的丈夫，不論他說了什麼、做了什麼，我只會有覺知地、帶著感情地宣告：『我已經將你交託給造物主了。』我對一切都心平氣和，並祝願我的丈夫一生幸福。」

我建議她個人培養一些具有建設性的新活動，展現自己的才華，持續為社區做事。我也建議她切實遵循上面的宣言，並跟她解釋這些神聖的想法會淨化她的潛意識，全面消除留在深層心智的怨憎，以及其他負面的有害毒瘤。這種淨化及清理過程，就像用一滴又一滴的清水去洗淨一桶髒水一樣，如果能堅持下去，最後就會有乾淨的水可以喝。當然，你也可以用水管把髒水沖乾淨，更快取得乾淨的水。可以如

此想像：水管是將神聖的愛與善意灌注到靈魂中，帶來立即的淨化。但逐步的淨化過程是最常見的做法。

宣言的成果很有意思，可以看看下面的來信：

> 親愛的墨菲博士：我深深感謝您的回信、建言及祈禱技巧，我都確實照做了。當我丈夫冷嘲熱諷、不停辱罵我時，我只是默默地祝福他：「我已經把你交託給造物主了。」我對醫院及社區服務有興趣，自從開始禱告後，這六週來我結交了許多朋友。我的丈夫上週提出離婚，我很開心地接受了。我們已經完成財產分配協議，雙方都很滿意。他要去雷諾辦理離婚手續，並準備迎娶一名我覺得很適合他的女人。我也戀愛了，對方是我的青梅竹馬，我們是在醫院服務時重逢的。等到我恢復合法的單身身分，我們會立刻結婚。

永生靈以高深莫測的手段施展了奇蹟。雖然這段婚姻結束了，但更重要的是，她總算結束了長期的精神痛苦。她擺脫了，而且雙方都找到了他們應得的愛與合適的伴侶。

本章重點

◆

- 明白每個問題都會解決，並以勇氣與信心迎接每一個挑戰。命令將那山（障礙）扔進海裡（融解、不再看到），若有足夠的信心，便會成事*。

- 想要走出沮喪，最快也最可靠的方法是全心全意地為別人付出你的才華、愛、善心及體貼。為別人做一件善事、去醫院探望生病的朋友、在你的社區做志工，或是給別人多一點善意。

- 體現神聖存在的特質，時時想著自己與別人身上的平和、和諧、喜悅、完整、美、啟示、愛及善意。

- 夫妻應該認同對方的美好品質，以及時時記起當初令自己心動的那些感覺。當夫妻看見並讚美彼此內在的神性，就能和樂融融，讓婚姻得到的祝福一年

---

* 編按：此處改寫自《馬太福音》，原文是：「你們若有信心，不疑惑，不但能行無花果樹上所行的事，就是對這座山說：你挪開此地，投在海裡！也必成就。」

年增加，越來越幸福。

- 夫妻之間不該試圖壓抑對方的個性。個性被打壓的人會變得沮喪且神經質。每個人都應該為另一半的成就及充分表達而高興。

- 堅持不懈的毅力會帶來豐碩的回報。切實遵循自己的肯定語或宣言，以維持並加強你的信心。有了信心，事情就搞定了。

- 如果你經常覺得被輕視、受人排擠，通常是因為你心裡覺得別人會這樣對待你。要解決這個問題，可以把注意力放在內在的神性上，並把與神性不一致的東西從心智中驅逐出去。

- 當你真的用盡所有辦法都解決不了問題時，就將問題交給你內在的神聖智慧，祂會向你揭示解決方法。

—

動員你的
大腦、心、雙手

人類之所以具備獨一無二的創造力，是因為幾種能力
的組合，總結來說就是頭、心、手（想法、感受與行
動）。當我寫下這些文字時，主要關注的是心（感
受），特別是在寫到願望、信念及感恩時。因為將正
面印象刻畫在潛意識時，心扮演了關鍵的角色。而潛
意識更是重中之重，因為潛意識是我們栽種願望種子
的土壤，是想法與行動的驅動力。不過，我們最有創
造力的時刻，則是頭、心、手三種能力一次到位。

　　雖然從某種意義來說，我們是神性存在，所有的精神、能量和物質都是神聖的，但我們可以認為自己是部分為靈、部分為人類或物質的組成。潛意識心智（心）是靈，也就是我們與神聖智慧、全能及無限富足合而為一的那個部分。意識心智（大腦）與肉身是人類的兩大特徵，使得我們能夠在三次元的五感世界中存活與活動。集結這些能力，我們不僅可以擁有願望及創新，還可以透過有意識的思考與行動，來實現及表達我們的願望、點子及內在才華。我們的意識心智與身體感官，也讓我們可以在這個物質層次充分享受生命提供的一切。

　　可惜的是，許多人因為只動用了這些能力中的一或兩種，而錯失了機會。例如，他們可能會透過意識將某個願望烙印到潛意識中，然後當潛意識揭示與達成該願望有關的訊息時（例如有利可圖的一項發明），他們卻沒有採取行動。這類訊息可能會將某項發明以心靈畫面（心像）的形式呈現，而當事人卻沒有將其畫在圖紙上，或是沒有投入時間、精力及金錢去申請專利。或者，有些人可能有音樂或演戲的天賦，卻沒有被開發出來。還有一些人面對大好機會也不懂得把握，即使只需要一個決定或簡單地說聲「好」就行。

　　相反的，懂得善用這些能力的人——夢想遠大、有創

意、分析能力強、行動果決——則會熱情地追求自己的願
望，似乎什麼都無法阻止他們實現目標。他們很篤定自己做
什麼都會很出色，有能力克服所有障礙，並獲得他們想要的
任何東西。他們是這個世界的推動者，擁有千載難逢的大好
機會。

　　淨資產突破八百六十億美元的比爾·蓋茲（Bill
Gates），是全球富人榜數一數二的人物。他能夠有這
種身價，可不僅僅是憑著正向思考，或是把願望從意識
轉移到潛意識而已。他與事業夥伴保羅·艾倫（Paul
Allen）手腦並用（有意識的思考與行動），設計出一
款革命性的軟體，讓每個人都能用電腦執行任務。由於
他們與其他設計師、開發人員的共同努力及專業能力，
個人電腦幾乎已經成為辦公室、學校及家庭不可或缺的
必需品。

　　一九六八年，十三歲的比爾·蓋茲迷上電腦並開始
設計程式。一九七三年，他成為哈佛大學的新鮮人，在
學校開發了 BASIC 程式語言的其中一個版本。一九七
五年，蓋茲在華盛頓州西雅圖的私立學校湖濱中學
（Lakeside School）結識的朋友保羅·艾倫，在漢威聯

合（Honeywell）擔任程式設計師，當時他在《大眾電子》（*Popular Electronics*）雜誌封面看到了第一部微電腦 Altair 8800 的照片。艾倫買了雜誌，帶到哈佛大學給蓋茲看。他們兩人都看到了為這個新系統開發 BASIC 程式的潛力。

蓋茲大三時一心只想建立軟體公司，於是他離開了哈佛，卯足全力去圓夢。他與艾倫成立了微軟公司（Microsoft），作為圓夢的工具。他們相信電腦勢將成為辦公室及家庭的重要工具，在這個信念的引導下，兩人著手開發個人電腦軟體。蓋茲的遠見與對個人電腦的願景，是微軟與軟體業得以蓬勃發展的首要功臣。

達成這個重大的目標後，比爾‧蓋茲持續追求新目標，他一邊不斷地改進電腦程式、拓展商業版圖，一邊投入慈善工作，與妻子梅琳達共同創辦了世界最大的慈善基金會。

從這個故事中，你可以看到神聖智慧如何精心安排必要的過程與資源，讓艾倫與蓋茲能夠實現他們的夢想，但如果沒有他們有意識的想法與行動，他們的夢想永遠不能實現。

✦ 大腦：運用自主思考的力量

要把畫面烙印到潛意識時，你的意識心智是關鍵角色。無論你選擇在意識心智想像什麼並注入強烈的情感，都會在潛意識留下印記，於是潛意識便會據此找出方法與資源，把這個印記化為真實。

意識心智熱衷於分析，經常會質疑什麼是可能的、什麼是不可能的，因此有時必須為意識心智按下暫停鍵，好避免它破壞潛意識的工作。但客觀、善於思考的意識心智在篩選要追求的願望與機會，以及提出新點子與計畫來實現目標時，也有著不可或缺的關鍵功能。因此，一旦潛意識送來禮物或機會，就應該讓意識心智完全投入積極創造的過程。

意識心智具備以下四種基本功能：

* **注意力**：意識心智時時刻刻都在選擇關注的目標，包括當下的感官知覺、從感知到的資料中提取訊息（例如文字或語言的意義），或是從記憶中回想某些訊息。
* **推理／分析**：當資料從感官流進大腦時，意識心智會過濾、組織並試圖理解這些資料。它過濾資料的能力特別重要，因為意識心智是守護潛意識的大門，避免

虛假的訊息與可能有害的訊息被傳送到潛意識。

- **決策**：你的意識心智最終會做出決定或選擇。它決定了要追求哪些願望或欲望，要允許哪些畫面進入潛意識，並在機會出現時，決定幾時及如何採取行動。

- **想像**：想像是抽象的思考。例如，能夠從一個人的儀表或行為提取意義，而不是聽對方說了什麼；或是不需要真的去轉動某個物件，就能「看到」物件的背面是什麼樣子。想像尚未成真的事物、新發明，以及解決問題的能力，都是意識心智的獨門功夫。

要讓意識心智徹底發揮優勢，就得注重照顧與餵養。以良好的營養與運動照顧大腦，並避免攝入會損壞認知功能的物質。當你出自意願去選擇讓大腦過量接觸有害物質時，你所偏重的就是這種物質而不是最佳的認知功能。這意味著你沒有那麼在乎你的願望、追求、人際關係，以及所有能帶給你益處的東西。

此外，你還要餵養意識心智，讓它接觸各種各樣的訊息、體驗及挑戰來充實它：廣泛閱讀、四處旅行、進修感興趣的課程、培養新嗜好及增廣經歷，以及和不同背景的人交往。你能夠從意識心智提取的訊息量越多、越多元，意識心

智的創造力與想像力就越高，解決問題的能力就越強，而出現在心智雷達上的機會與選擇也會越多。

　　約瑟夫・德西蒙（Joseph DeSimone）是企業家、大學教授、Carbon 公司的共同創辦人、3D 列印業界的先驅，曾經發表「真正的創新是跨學科的」的簡短演講，指出蘋果公司的創辦人史蒂夫・賈伯斯（Steve Jobs）如何融合社會科學、科技及文科來追求創新。在演講中，德西蒙引用哈佛大學文理學院榮譽院長亨利・羅索夫斯基（Henry Rosovsky）關於研究、信心及創新的言論：

　　「研究是對可能取得進展有信心的一種展現。促使學者們鑽研一個主題的動力，必須包括以下的信念：相信新事物可以被發現、相信新事物可以更好，以及相信可以得到更深入的理解。研究，尤其是學術研究，是一種對人類狀況的樂觀態度。」

　　德西蒙認為跨學科的做法——融合不同學術領域的知識，包括生命科學（醫學）、物理學、工程學、社會學、人類學，甚至是表演藝術——是「創新的藍圖」。你的教育、經驗、挑戰及協同合作越是廣博，發掘新事

物的潛力就越大。

✦ 心：採擷情感的力量

在這本書中，我不斷強調在將願望或渴望從意識心智轉移到潛意識的過程中，情緒有多重要。具體來說，我鼓勵你在將願望傳送到潛意識時，多多善用積極的情緒（渴望、信心、期待及感恩等等），並避開往往會強化負面意象的消極情緒（例如焦慮、恐懼、憤怒或愧罪感）。然而，一旦有意識的想法與行動能力相結合後，其他幾種積極情緒反而能發揮更大的作用，例如自信、熱忱、決心、樂趣及自豪。正是這些正面情緒提供了行動的動力與能量。

成敗往往取決於決心與毅力。在運動領域，在所有條件都相對一致的情況下，最後獲勝的往往是求勝心更強烈的運動員或團隊。對成功的渴望給了他們動力，激勵他們更努力訓練，提高感官的敏銳度與表現。或許更重要的是，這給了他們「絕對不能輸」的心態。

任何努力或挑戰，也是如此。以感情為例，那些能夠維繫長久關係的人，在認定對方並認真給予承諾後，無論面臨多大的挑戰都會想辦法克服。

　　肯德基是世界第二大的連鎖餐廳，僅次於麥當勞，在全球一百四十多個國家和地區有超過兩萬三千間的店面，但肯德基不是在一夕之間成功的。桑德斯上校（Colonel Sanders）直到六十歲、拿到第一張社會福利支票後才創立了肯德基。當時，他必須開車跑遍美國各地，走訪一家家餐廳，為數百家餐廳的老闆和員工烹調一份份雞肉，以便賣出他的獨家雞肉配方。他在路上度過了許多個夜晚，經常就睡在自己的車上，在找到買主之前被拒絕了超過一千次。

　　到了一九六四年，七十四歲的桑德斯上校在美國及加拿大擁有六百多家加盟店，並以兩百萬美元（相當於二〇二〇年的一千六百多萬美元）賣出他在美國公司的股份，餘生過得舒適愜意，不必依賴社會安全局提供的微薄固定收入。

　　堅持、不放棄是在許多挑戰中能夠成功解鎖的關鍵。堅持，可以贏得戰爭、繳納貸款、在股市低迷時拯救投資人免於因恐慌而損失數十億美元。堅持，可以讓工程師與建築工人在山上挖出隧道、打造橫跨水面的橋梁、建造跨洲鐵路、興建高得令人頭暈目眩的摩天大樓。堅持，讓醫療研究人員

不眠不休地為想得到的所有病痛尋求療法與藥物。堅持，激勵了那些有藝術及音樂天賦的人，讓他們花許多年的光陰來磨練技藝，而且通常不保證能闖出一番成就或賺上錢。

　　什麼都無法代替堅持不懈，金錢不能，教育不能，出身、背景、權勢、人脈所帶來的任何優勢都不能。堅持是一種人格特質，而且通常是貧富之間的平衡器。富人往往因安逸而自滿，窮人則在逆境中培養出毅力。那些成就不凡的人通常都擁有堅持不懈的人格特質，即使他們或許缺乏才氣、教育與財源，但總能找到方法把事情辦好。他們肯不知疲倦地下苦工，遇到挫折不氣餒，即使有人唱反調也不能改變他們前進的方向。意志最堅定、決心最純粹的人，在成功路上，可能比擁有大量啟動資金的人還要走得更遠更長久。毅力與決心，可以克服最嚴重的貧困與障礙。

　　一心一意追求勝利的人從不考慮以失敗收場。他們會從每一次的挫敗、每一次的阻礙中奮起，並更加決然地堅持到勝利為止。在他們的字典中，找不到「不行」和「不可能」這兩個詞。他們不會因為不幸而氣餒和沮喪，反而越挫越勇，幹勁十足。

　　領受最大成就的人，往往是最具韌性的人；相反的，連一點點風險都不願承擔或吃不了苦的人，以及無法延遲滿足

感的人，都缺乏了更遠大的企圖心，只要有一點點小成就便止步不前了。

每當你開始感到灰心氣餒，萌生放棄或回頭之意時，請重新考慮一下。現在的你可能已快到山頂，只要往前走幾步就能看見最後一個大障礙。重大的成就與發明往往只差那麼一步，而毅力不足的人往往就會在此放棄或回頭。缺乏毅力去完成艱困任務的人，生活中往往會經歷一連串的夢想破滅、願望落空、個人生活與事業的不如意。千萬不要讓失望磨掉你的抱負或熱情。請堅持住！

✦ 雙手：開始付諸行動

心智（包括意識與潛意識）是創造力的源頭，但創造需要的不僅僅是想法，還需要行動。雖然光靠啟動潛意識的力量，未必每次都能實現你的願望或滿足你的渴望。但有時候，只要啟動潛意識的力量就夠了。例如，假設你想要一架鋼琴，你將願望傳遞到潛意識。兩天後，鄰居告訴你她要搬家了，並問道：「你知道誰要鋼琴嗎？」她說因為新家太小，沒地方擺，而且她平常也不彈鋼琴，現在只求能馬上「脫手」。你甚至不需要自己搬，因為搬家工人已經在場

了，他們很樂意幫忙。

現在你已經有了鋼琴，那麼非常想要彈鋼琴的你又有兩種可能。其一是你有驚人的演奏才華，或許在鋼琴前面一坐，就啟動了你的天賦，能夠彈出任何想像得到的樂曲，說不定還能自己作曲。其二，與多數人一樣，你也必須靠認真學習及努力練習才能學會彈鋼琴、看譜與作曲。當然，下這些功夫未必會讓你覺得辛苦、有壓力，如果你對學鋼琴本來就充滿了熱情，或許會覺得學習及練習都不費力。但無論是哪一種情形，付諸行動與一定的努力都缺一不可。

光有想法而沒有行動，就是讓許多新思潮運動的新手觸礁翻船的原因。光是想著自己很富有，不一定能得償所願。如果你成功地將願望烙印在潛意識裡，行動是必要的，無論是你自己行動或別人行動。有時別人會承擔大部分的苦差事，有時你可能必須付出更多努力，或者至少要協調並分派所有的工作及資源，扮演好更多管理者的角色。

有些人具有較高的靈性，他們可以直接指揮神聖能量和物質，就像捏黏土一樣地塑造出他們想要的東西。然而，我們大多數人都必須以實際的行動來支持想法，運用我們的身體能力（我們的「雙手」）來做事或分派工作，並取得必要的原料、工具與機器。汽車工業先驅蘭塞姆・奧茲（Ransom

Olds）不僅發明了流水線的汽車裝配作業模式，還特別申請了專利，並採取必要的步驟把流水線實際應用在他的製造工廠。或許他並沒有親自動手去做，但也一定是他把工作分派給別人或與他人合作完成的，因為流水線不可能自己跑到廠房裡。

你要做的，不是指導或監督潛意識的創造過程，但你可能需要參與更多有意識的創造過程。到了潛意識階段，你所需要做的，就只是守護好你的願景，保持一種充滿信心、期待及感恩的心態。等到潛意識與神聖智慧、無限富足的步調一致，送來了你渴望的東西或有望實現的機會，你的角色就變了。這時，你必須收下禮物並採取適當的行動，才能得償所願。**只要在潛意識種下一個想法，禮物就會送上門來；你要有意識地收下禮物，並採取對應的行動。**你不太可能收到一台源源不斷吐出錢的魔法機器，你必須自己付出一些努力。

二○一四年，當簡・庫姆（Jan Koum）以一百九十億美元的高價將他的 WhatsApp 出售給臉書時，他選擇的簽約地點位於加州山景城（Mountain View）距 What-sApp 總部幾條街的一棟建築，這裡正是他以前排隊領取食物券維生的地方。（WhatsApp 是跨平台的智慧型

手機應用程式，用戶可傳送文字訊息與語音訊息，撥打語音及視訊電話，分享圖像、文件、用戶位置及其他傳播媒介。）

一九九二年，十六歲的庫姆跟隨母親及祖母，從烏克蘭基輔郊外的小村莊移民到山景城。在美國，庫姆的母親當起了保母，他自己則在當地一家雜貨店做清潔工作，以支付生活費用（他父親在一九九七年病逝於烏克蘭，沒能到美國）。

十八歲時，庫姆從二手書店購買電腦網路手冊自修，讀完後又再賣回給二手書店。他就讀聖荷西州立大學修讀數學及計算機科學，一邊在安永會計師事務所（Ernst & Young）擔任安全測試員。一九九七年，庫姆被雅虎公司雇用為基礎架構工程師，並在那裡結識了WhatsApp 的共同創辦人布萊恩・艾克頓（Brian Acton）。不久後，庫姆便輟學了。

隨後九年，庫姆和艾克頓在雅虎共事，然後在二〇〇七年離職，花了一年時間在南美旅遊。兩人都應徵了臉書的工作，但雙雙被打了回票。

二〇〇九年，庫姆買了一支 iPhone，意識到智慧型手機 App 的驚人潛力。他跑去找朋友亞力克斯・費什

曼（Alex Fishman），兩人討論起庫姆的點子，一談就是好幾個小時。庫姆想做一款更強大的通訊軟體，讓使用者有 iPhone 簡訊服務（SMS）以外的選項。一開始，WhatsApp 用戶並不多，但後來蘋果公司增加了一個推送通知，庫姆這邊也增加了在收到訊息後「標示」用戶的功能，於是這款應用程式就開始流行起來。

二〇一四年二月，臉書創辦人馬克・祖克伯（Mark Zuckerberg）邀請庫姆到他家共進晚餐，席間還詢問了庫姆加入臉書董事會的意願。十天後，臉書宣布收購WhatsApp。

從這個故事可以看出，除了在南美的那一年，庫姆一直都在做正事（行動）：念書、工作、結識別人、討論點子等等。神聖智慧與無限富足確實給了他機會，但如果沒有他的自主思考及直接的行動，或是沒有他母親的付出，簡・庫姆可能永遠都不會取得如此驚人的成功。

不要等待，現在就行動。你不能在過去或未來採取行動，過去已經過去了，而未來還沒有來，等待不是適當的行動，在突發事件出現之前，你無法預先知道要如何回應。現在就行動，意味著你是對當下的情況有了回應。比方說，假

如你有某種興趣或是某個類型的工作很吸引你，你可以研究一下、找個人談談、多閱讀相關主題的書。如果你的願望與職業或創業有關，可以先找個相關的初階工作或找個實習機會。別等到職涯生變或想要的商機出現才行動，而是一開始就要擬出具體的步驟來完成轉變。或許最重要的是，不要擔心出錯，要相信你有能力克服任何可能出現的挑戰。

不要等待，現在就行動。

以下是幾個指引你行動的建議：

- 別浪費時間做白日夢；想像你想要什麼，**現在**就行動。
- 主動出擊。別等著天時地利人和，也別等著處境改變。
- 別擔心昨天的工作或過往的錯誤，沒有人能改變過去。
- 現在就要把工作做到最好，確保明天也能最好。
- 想像你有一個更好的處境，但仍要採取行動去改善或轉移到更好的處境。
- 不要妄想用高超的手段或非傳統的方式致富。你的行動可能會跟以往的行動差不多，但現在的你更積極、更正面，也更有把握自己會成功。

- 如果正面改變來得很慢，不要氣餒。氣餒是負面思考的現象，會造成匱乏與限制。

- 把你目前的工作、業務或處境當作騎驢找馬的驢。不要做任何激進的決定，除非有意識或潛意識的想法（良好的推理或強烈的直覺）讓你認為非如此做不可。

- 如果你是一個不滿意目前職位的上班族，那麼就專心地、盡你所能地成為最棒的員工。不滿只會削弱你取得更好職位的能力。在你為當前雇主提供最高價值的同時，對想要的理想工作也要堅持自己的願景。

- 你的願景與信心會激發創造力，為你帶來理想的職業或商機，而你的行動則會促使你目前環境中的力量將你推向想去之處。

不管你目前的處境如何，現在就行動。這個概念是基於以下的事實：只有能力超越目前位置的人，才有可能更進一步。除非你能證明自己的價值高於目前的職位或你管理的公司，否則沒人會給你加薪、升職或機會。當你採取行動為你目前的職位或顧客創造更多價值，證明你的表現已超越目前的位置時，就會吸引到利潤更好、報酬更高的機會。

看看那些被開除或裁員的人，往往都是因為不進則退，

而開始在自己的業務上落於人後。不能勝任現職的人，只會拖累雇主、家庭、社會和政府。因此，只有所屬的成員超越自己、超越現在的位置、提高自身的價值，並為他人創造機會，這樣的社會才能不斷進步。

本章重點

◆

- 想要成功地滿足自己的渴望，就要動用到人類的三種能力——頭（意識心智）、心（潛意識與情緒）及雙手（行動能力）。

- 意識心智具備四種基本功能：注意力、推理／分析、決策和想像力。

- 大腦是意識和潛意識的聖殿。照顧好大腦，你要攝取良好的營養、做運動，避免過度飲酒及攝入其他不利於認知功能的物質，並以豐富的各種資訊及經驗來餵養大腦。

- 你的心是情緒的源頭，提供必要的能量讓願望烙印到潛意識，並產生行動所需的決心與信心。

- 毅力往往是成功與失敗的關鍵，那些取得出色成就的人常常是最有毅力、堅持不懈的人。

- 毅力可以克服很多限制，包括有限的學歷、有限的啟動資金及人脈等等。

- 不是光想著我要成功、我要有創造力就能得償所願，還需要採取行動。

- 要讓願望或點子開花結果，行動是必要的，但有時你可能不用花太多心力。雖然多數時候你必須努力才能成功，但有時候幾乎不怎麼費力，你想要的目標就達成了。

- 只要在潛意識種上一個想法，禮物就會送上門來；你要有意識地收下禮物，並採取對應的行動。

活出充實的人生

富足不僅僅是求取財富與物質，還涉及了良好的健
康、個人及職場的人際關係、自我實現，以及智慧、
情感及靈性方面的發展。一旦你懂得運用潛意識的力
量，就會開始在生命的各個層面收割種種好處。你會
活得快樂，充滿活力。

　　時常有人納悶：「生命的目的是什麼？」有人相信有一
位至高無上的存在握有一份對宇宙的總體規畫，以及一份對
每個人的個別計畫。因此，我們的人生已經拍板定案，我們
可以選擇照著計畫走（然後幸福美滿），或是無視於這個計
畫，而（可能）招致人生悲慘——不是在這一世受苦，就是
來世因為反抗命運而備受折磨。還有人認為，生命不具任何
目的或意義，每個人都要為自己的人生下定義，自行決定這
一生的目的。更有人認為，我們應該在今生犧牲自己，為別
人努力工作，來生才能獲得回報，不受懲罰。

　　當你思忖神性時，會開始意識到生命的目的是活得淋漓
盡致，享受人生。神聖智慧是一種創造力，充盈在可見及不
可見的所有存在中。祂會持續不斷地、更完整地表達祂自
己，而其中至少有一部分需要透過我們來完成。身為神性的
延伸，我們的目標就是完全發揮潛力——實現、擁有及施展
我們最大的能耐，充分展現我們的本質，以及全然享受給我
們的慷慨贈予。

　　想想每個領域的頂尖人物，他們通常會為正在做的事廢
寢忘食，灌注十二萬分的心力來追求內心的憧憬。在我們眼
中，他們是成功的典範，通常都很富有，儘管他們的初衷大
都不是為了追求財富。他們所追求的是一種激情，並以某種

方式豐富了其他人的生活，也因此而累積了財富。

　　將你的意識聚焦在以下的事實：你對財富的渴望，與全能者想要更完整地表達自己的渴望是一致的。所以，你應該對自己更有信心。

✦神聖的生活模式

　　感恩節那天，我飛往夏威夷的可愛島（Kauai），與當地人交流並觀光。我遇見了一名導遊，他介紹我認識他的許多朋友，還帶我造訪了島上的好幾戶人家，去看看他們的生活。這些人家充滿了上帝的音樂與笑聲，每個人都很友善、慷慨、充滿靈性，生活得非常快樂、無拘無束。我眼前的這些人，都是在神聖自由（Divine Liberty）的精神下過著美好的生活。

　　我在可愛島的一個偏遠村莊買東西時，與一名男子有一次有趣的對話，他幾年前從美國本土搬過來，如今在村裡經營著這間雜貨店。他的妻子拋下他，帶走了全部的錢。雖然他很清楚自己身為人夫的各種缺點，但仍感到難堪與痛苦，脾氣也越來越暴躁易怒，再也無法融入群體。朋友建議他去可愛島，說那是夏威夷島鏈中最古老的一座島嶼，有絕美的

景色，到處都是鬱鬱蔥蔥的植物。他的朋友告訴他，島上有深邃多變的峽谷、金色的沙灘、蜿蜒的河流，所有這些都讓他悠然神往。

他先是在島上的甘蔗田工作了幾個月。有一天他病倒了，在醫院住了幾個星期。夏威夷人每天都來探病，給他送水果，為他祈禱，非常關心他過得好不好。他們的善良、愛及關懷穿透他堅硬的外殼，而他則是向村民傾注了所有的愛、和平及善意，並從此脫胎換骨。

這個人的轉變方程式很簡單：用愛戰勝恨，用善戰勝惡，因為宇宙就是這樣形成的。我想談談這個人經歷的心理及靈性變化。他的心原本被苦澀、自責、怨恨腐蝕了，但同事的愛、善意與祈禱穿透了他的潛意識，抹除了駐留在那裡的所有負面模式，也讓他的心充滿對所有人的愛與善意。他發現愛是萬能溶劑，現在他經常會說的肯定語是：「我傾注神聖的愛、和平與喜悅，給我在生命中每一天遇見的每一個人。」他給出去的愛越多，得到的愛也越多。施比受更有福。

每天早晨睜開眼睛時，請帶著濃厚的感情與深刻的理解，大膽地說出：

1. 我歡喜並感恩永恆智慧的指引，也正是這種智慧指引

著各個行星運行，讓太陽綻放光芒。

2. 今天以及每一天，我都要活得精彩。我體驗到越來越多神聖的愛、光、美及真理，就在今天一整天與以後的每一天。

3. 我要鼎力相助所有跟我有往來的人、與我共事的人，終其一生都如此。

4. 我會充滿熱情地投入工作，以及把握為他人服務的美好機會。

5. 我歡喜並感恩每天都能體驗並顯化更多的神聖榮耀。

每一天都要從宣告這些神奇的真理展開，並相信它們是真實的。凡是你相信並由衷期待的事都會實現，你的生命將會發生奇蹟。

✦ 同時擁有一切和一無所有

我在羊齒洞（the Fern Grotto）遇到一個與眾不同的人。來羊齒洞參觀需要搭船沿河道抵達，船上的工作人員會高歌歷久彌新的夏威夷婚禮歌曲，相當有名。這個人高齡九十六歲，在船上熱情地唱著優美的夏威夷情歌，步履輕鬆地陪著

我們遊覽著名的羊齒洞。行程結束後，他邀請我去他家做客，果然是一次難得的體驗。晚餐是自製的厚片薑餅、木瓜、蘋果塔、米飯、燻鮭魚，以及在鄰近島嶼栽種的可娜咖啡。

晚餐時，他告訴我，由於與神聖連結，讓他變成了一個全新的人，而九十六歲的他看起來確實如此。他面色紅潤、容光煥發，眼睛充滿了光與愛，臉上洋溢著喜悅。他能說流利的英語、西班牙語、中文、日語及夏威夷語。他妙語如珠、風趣幽默，豐富的內容是我未曾聽過的當地智慧。

這人徹底引起了我的興趣，我終於問他：「跟我說說你活得如此快樂的祕訣，為何能保持這樣的熱情與活力呢？」「我怎麼會不開心、不強壯呢？」他答道。「你瞧，我有這一座島嶼，同時我也一無所有。」他又說：「神擁有一切，但這整個島與島上的一切都任憑我享用——山巒、河川、洞穴、人和彩虹。你知道我這個房子怎麼來的嗎？」他問我，接著自己回答：「有一位旅行者為了感謝我，特地買下來送給我的，否則我不會有這個家。」

他接著說大約六十年前，他得了結核病，性命垂危，大家認為他沒有救了。但是一位當地的卡胡納（Kahuna，夏威夷原住民的祭司）來看他，對他和他的母親說靈性治療能讓他活下去。於是，卡胡納吟誦禱文，將雙手放在他的喉嚨

及胸口處,用母語召喚神聖的療癒力量。在大約一小時的吟唱結束後,他覺得自己完全康復了,第二天還去釣魚。從那之後,他說:「我的身體再也沒有任何病痛,雙腿還很強健呢!你瞧,你看到的這些山我全走遍了。不僅如此,」他最後說道:「我有一群善良、可愛的朋友,有幾隻狗和羊,還有這座美好的小島。而且我心中有上帝,所以我能不快樂、不強壯嗎?」

這個了不起的男人在他的土地耕作,照顧山羊與綿羊,探望病人,參加所有慶典,從靈魂深處唱起夏威夷情歌。他的祕訣?他擁有一切,卻又一無所有;他允許豐饒的生命流經他、環繞他。他不想囤積世間的財富,而是用無限的富足來豐富自己與別人的生命。

如果你懂得心靈的法則,很容易就能看出卡胡納祭司給他留下的印記。他對卡胡納的力量有絕對的信心,堅信自己一定會康復。憑著信念,他的潛意識回應了他。

讓心智與神聖的富足步調一致的過程,可以總結為兩個字——**感恩**。首先,你要由衷相信神聖的富足;其次,你要相信神聖智慧會滿足你的所有需求與願望;最後一點,你要透過深刻的感恩來深化你與源頭的連結。

許多人在運用潛意識的力量後,由於不知感恩,因此又

陷入貧困中。在索要並收下慷慨的禮物之後,他們沒有向源頭表達自己的感激,從而切斷了他們與源頭的連結,從此與源頭越離越遠。

記住,你離源頭越近,就會有越多的好事流向你。而感恩的心態,會讓你離源頭更近。長存感恩之心可以在三個方面給你帶來好處:

1. 在你收到渴望的東西後,要繼續維持你與源頭的連結。
2. 排除掉任何匱乏、限制或懷疑的想法。感恩生信心,感恩的心充滿了期待,而期待就是信心。每一波發送出去的感恩之情,都是在展現信心。
3. 拉近源頭與你的距離。每當你表達感激時,就是在向源頭輸出能量,這會驅使源頭回饋等額的能量給你——把更多的好事推向你。

不要將你的時間、精力及心智的力量,浪費在埋怨大公司、大企業靠著低廉稅賦或員工的低薪資來賺錢、擴展事業版圖。所有企業都在為人們創造工作機會,而通常為了開發新點子與商機冒險砸大錢的,也是這些企業,由此創造了更多的機會與財富。

在民主社會中，你可以自由地抗議不公，投票罷免那些貪腐、無能或支持可能損害國家政策的政客。但是，不要浪費時間和力氣，整天想著、談論著某個失德的政客或政府的缺失。如果一個國家沒有法律與一定程度的約束，勢必會陷入無政府狀態，那麼我們的機會只會減少而不是增加。

要相信無限智慧正在逐漸使世界變得更好，創造更多機會，提高生活水準。我們要感謝政府與企業界領袖提供了基礎設施、安全，以及讓我們得以成長和發展的機會。每天都肯定他們的智慧與良善一天天增加，如此一來，你將會與創造力及創造所需的物質結盟，開創美好的一切。

梭羅說：「我們應該感謝自己的出生。」你要練習在每一天心懷感恩並表達謝意。當你這樣做，你對好事的感激與期待會在你的反覆練習下深入你的心智，就像種子一樣，怎麼栽就怎麼收穫。讓奇蹟在你的生命中發生。

✦ 與神聖智慧連上線

我發現夏威夷人非常睿智，幾個世紀以來，他們累積了許多深奧的口傳知識。從可愛島飛往茂宜島（Maui）的班機上，坐我旁邊的是一名茂宜島的原住民，他對氣象、潮汐

及海浪有豐富的知識。他告訴我，他可以預測海嘯、暴風雨及火山爆發，所有夏威夷群島上的水果、花草樹木，他都說得出名字，也懂得草藥的療效。

他還有特殊的讀心術及靈視力。他準確地說出我要去哪裡、我的名字、住在哪裡。此外，他還有提取過去資訊的天賦，這種神奇的能力被稱為後瞻（retrocognition）*，他準確地說出我過去曾經發生的許多事。為了試探他靈視力的本領，我還當場請他念出我口袋裡的一封信（因為忘了，那封信我還沒看）。他念出信的內容，我一看才驚覺他念得一字不差。

這位年輕人連結上了他的潛意識，而潛意識知道一切問題的答案。「每當我想知道什麼，」他說：「我只要說：『上帝，祢無所不知。告訴我吧。』答案總是會出現，因為在我之內住著一位朋友。」這個人在甘蔗田裡工作，喜歡彈奏烏克麗麗、邊工作邊唱歌，他顯然與無限之靈連上線了。確實，在他之內住著一位朋友，他已經發現了神聖存在，那就是他的力量所在。

---

* 編按：後瞻（retrocognition）又譯為溯知、倒攝認知，是一種回知過去的超能力，可以提取過去事件的訊息。

✦ 得到生命的喜悅

我與可愛島上的一名年輕女孩書信往來了一陣子，姑且稱她為珍妮。她來信說她很恐懼，也非常苦惱。

她解除與一名年輕人的婚約，因而招致對方的報復，告訴她有個卡胡納對她下了詛咒。她一直活在恐懼中。我回信給她說，天地間只存在著一種力量，這種力量以整體性及和諧的方式運作；這個至高無上的存在就是靈，祂是一體的、不可分割的。靈的一部分無法與祂的另一部分敵對，所以沒什麼好怕的。我還為她寫了一段宣言驅除恐懼。

後來我與她見面時，發現她的個性開朗活潑、熱情又喜歡笑，對可愛島有一些不錯的新點子。她說：「我完全按照你的指示，內在的光改變了我。」

以下是她每天都會練習好幾遍的靈性宣言，也是我在信中給她的建議：

神聖存在就是一切。與全能的神同在的人占絕大多數。既然全能的神與我站在一起，什麼都阻擋不了我。我知道並相信永恆的一、神聖的力量、神聖智慧——任何力量都無法與之抗衡。我知道並完全接受當我的想法

就是神聖的想法時，神聖的力量便會與我的善念同在。我知道凡是我無法付出的，我也不可能得到，因此當我想起前男友以及與他有關的人時，我會懷抱著愛、和平、光明及善意。神聖之愛永遠圍繞著我，我被賦予了免疫力，並沉醉在聖靈的懷抱裡。全能的神以整套盔甲包覆著我、環護著我。我受到神聖的指引，進入了生命的喜樂中。

她已經習慣在早上、中午及晚上各花十分鐘複誦這些真理，她知道、相信並了解在她做出聲明時，這些真理會潛移默化地進入潛意識中，轉化為自由、平和、安全感、自信及保護，她也知道正在練習的是從不失敗的心智法則。十天後，她的恐懼全都消失了。現在她在島上過得很好，還介紹我認識她的新男友，而他對女友的評語是：「她是我生命中的快樂。」這個原本被嚇壞的年輕女孩走出了恐懼，現在她對那個所謂的詛咒已不再害怕，盡情施展自己的才華，並開始享受生活的樂趣。

✦「卡胡納」的意義

卡胡納是夏威夷語，意思是巫醫或薩滿，通常會使用咒語與祕傳的知識從事療癒工作及進行意圖良善的咒術。我的夏威夷導遊解釋說，這些睿智又有天賦的卡胡納從小就接受族中長老的嚴格訓練與栽培，而且對所學必須守口如瓶。許多卡胡納因神奇的療癒能力而受到尊崇，這種能力就是我們今天對潛意識的認知。卡胡納也通曉草藥與植物的療效，而且代代相傳，是島上原住民文化的一環。

前面提到的年輕女孩了解到，他人的威脅、負面暗示及話語不具任何力量，絕對做不到所暗示的那些事。在你的世界中，你是唯一的思考者，也只有你的想法才具有創造力——心裡想著好事，好事就會來；心裡想著壞事，壞事就會來。與至高無上的存在同一陣線，當你的想法是神聖的想法時，神聖的力量便會與你的善念同在。記住，與全能的神同在的人占大多數，既然全能的神都站在你這邊了，就沒有什麼能阻擋你了。

本章重點

- 愛至高無上的存在，意味著與良善、純潔、真理和正確行動站在一起，這能讓你活得自在又從容。

- 愛是萬能溶劑，可以溶解對別人的怨恨、嫉妒或任何負面情緒，並培養對這個人的愛。

- 早晨睜開眼睛時，要歡歡喜喜地說：「今天是神聖為我打造的日子，我會歡歡喜喜地過這一天。我感謝神聖智慧指引我的生活、指引行星繞著各自的軌道運行，並讓太陽綻放光芒。」

- 信任神聖的指引，奇蹟就會在你的生命中發生。

- 年齡不是歲月的流逝，而是一步步邁向內在智慧。

- 感恩的心會讓你拉近與神聖存在的距離。

- 想要一輩子都受到啟發、充滿熱情，就必須時刻保

持對神聖存在的覺知。

- 你默觀什麼，就會變成什麼樣的人。默觀不朽的真理，例如與神聖富足有關的真理。

- 靈視力、預知能力、心電感應及靈魂投射的能力，全都蟄伏在你之內。隨著智慧增長，你會開始取用內在的無限寶藏，這些潛在的心智能力將會在你的生活中變得活躍。

- 沒有付出就沒有收穫，你不肯給予他人的東西，你自己也得不到。這就是心智法則。把愛、歡喜心及善意傳遞給所有人，當你付出得越多，送上門的祝福就越多。

為你的心智及
心靈充電

壓力太大、倦怠、筋疲力盡？該給心智及靈性電池充
充電了。一個放鬆的週末或小假期或許不無小補，但
更有效的辦法則是祈禱或冥想。當你祈禱或冥想時，
可以連結上賜予你能量與活力的源頭——神聖存在。
這種心靈充電的感覺，就像在盛夏時節泡在清澈的山
澗那樣渾身舒暢！

　　許多不同信仰的商業人士與專業人才，會定期去僻靜放鬆、冥想，參加具有啟迪性的專門課程與講座。當他們完成晨間冥想後，會再根據課程內容，連續靜默不語幾天，用餐時間也不例外。在這段期間，他們需要徹底沉澱、安靜下來，默默執行每天早晨交代的指令與冥想。

　　他們告訴我，回來後整個人煥然一新，心靈與心智都重新補足了滿滿的能量。到了正式投入工作後，每天早晚還是會默觀十五至二十分鐘，結果發現自己的工作效率提高了。這是因為他們可以「靜下心來」，將注意力從五感世界轉移到內在的精神世界，所以能在同樣的時間內做更多事。

　　這些人不分男女都在重新充飽電後，帶著信心、勇氣與自信正面迎戰生活上的問題、衝突、煩惱及紛爭。他們知道應該從什麼地方、以什麼方式去接收更新的精神力量——如同愛默生所說的：「無限微笑地伸展著躺在安逸中。」當我們與神聖存在步調一致，內心安靜下來，能量、力量、靈感、指引和智慧就會從靜默中生出。這些人學會了放鬆，也學會了放下自己的驕傲。他們承認、榮耀並召喚的智慧與力量，創造了有形及無形的所有一切，並永不止息地、不受時間限制地支持著萬物。他們決定走上智慧之路。

✦ 觸手可及的禮物

如果我送你一本書，你要收下來就必須伸出手去拿。同理，既然神聖存在的所有豐饒都在你之內，你也必須付出一點努力來取得。永生靈既是贈予者，也是禮物本身，而你是接受者。敞開你的心智和心靈，讓神聖的和平之河流淌進來，填滿你的心智與心靈，因為永生靈就是和平。

冥想我們的宇宙，它擁有不可估量的本質、無限心智與無限智慧，它創造了我們、賦予我們生命、支持我們，有節奏地、和諧地、不間斷地、不變地、精確地移動著，帶給你信心、自信、力量與安全。記住，是你在主宰自己的想法、感覺、行動及反應，這會讓你自尊自重，覺得自己有價值、有力量，並讓你有決心、毅力去做好你的工作，快樂地生活，你所說的話、所做的事都在禮讚至高無上的存在。

✦ 在紛擾世界中靜心

前段時間有個生意人來找我，最後他問我：「俗話說『靜得下心，才能做得了事』，但在這個亂糟糟的世界，我要如何靜下心來？我感到困惑又苦惱，新聞媒體整天都在打

官腔，都快把我逼瘋了。」

針對他的問題，我為他開了一帖靈性藥方，應該可以緩解他的恐懼與焦慮；讓他能靜得下心，把該做的事做好。我對他說，如果他整天腦袋裡想的都是戰爭、犯罪、病痛、疾病、意外事故或悲慘的事，自然而然會生出抑鬱、焦慮、恐懼等負面情緒。另一方面，如果他抽出點時間與注意力，去關注主宰宇宙及所有生命的永恆法則，他的心靈氛圍會自動升級，內心變得安穩而平靜。

最後，這個生意人決定一日三次使用以下的真理來灌溉他的心智：

> 我知道無上智慧控制著行星的運行，也控制並指揮整個宇宙。我知道神聖法則與秩序以絕對穩固的方式塑造了整個世界，令星辰出現在夜空中，並在太空中調節各星系；而造物主掌管著宇宙。精神上，我的心智進入了定靜的狀態，默觀著神聖的永恆真理。

他甩掉了平日的牽掛與憂慮，現在他專注並審視生命的偉大原則與真理，將所有心思都放在上面。他把瑣碎的小事拋在腦後，開始思考那些偉大的、美好的、有益的事情。當

他遠離世上的考驗與煩惱，拒絕描述或甚至絕口不提這些事，他的焦慮與擔憂減少了，在這個紛擾的世界中，他的心終於平靜下來了，而他也決定讓神聖的和平主導著他的心。由於他現在能做出更好的決策，因此生意更是一帆風順。

✦ 化解內在衝突

有一天在比佛利山的街道上，有個男人認出了我並當街攔我下來，說他的心情非常混亂不安。他問道：「你認為我能夠恢復平靜嗎？我已經跟自己開戰兩個多月了。」他內心衝突得很激烈，充滿了恐懼、懷疑、怨憎及宗教偏執。他很生氣，因為女兒嫁給了一個不同信仰的人，而他非常討厭這個女婿。他跟兒子的關係也不好，因為兒子當了職業軍人，而他自己經常參與和平運動。最糟糕的是，他的妻子正在跟他鬧離婚。

在街道上，我沒有多少時間開解他，只能簡單地告訴他，他應該高興女兒嫁給了夢中情人，既然小倆口是相愛的，當然應該結為夫妻，畢竟愛不分宗教、種族、教條或膚色。愛是神聖的，而神聖存在是客觀的，不會偏袒誰。至於他兒子，我建議他給小伙子寫封信，說他有多愛兒子、會經

常為兒子祈禱。我說，他應該尊重兒子的決定，不加干涉，只祝願他得到生命的所有祝福。我還告訴他，從他的談話中，我判斷他婚姻中的爭執與口角，大概來自他兒時與母親之間尚未化解的矛盾，而他期待妻子能替代母親這個角色。

我把這些雋永的真理寫在紙上，交給他誦讀與消化：「祢必使仰望祢的人，得享全然的平安，因為他信靠祢。」我勸告他集中心思，以信任、信心及篤定的態度對待至高無上的存在，如此一來，他就會感受到內心充滿了生命的愛和平靜。我接著說，每當他想起任何一個家人，都要說：「神聖和平充滿了我的靈魂，神聖和平也充滿了他或她的靈魂。」

幾天後，我收到這個男人的短箋，他說：「我曾經覺得就像活在地獄裡，早上不想睜開眼睛，每晚要靠安眠藥才能入睡。但是，從我跟你在街上道別後，我把自己與家人都交託給了神，並時時聲明：『神會讓我平安、平和，因為我的心與祂同在。』我經歷的改變是不可思議的，我的生活也大不同了，重新充滿了歡喜與奇蹟。

「我的妻子撤銷了離婚訴訟，我們破鏡重圓了。我寫信給女兒、女婿和兒子，我們現在過著平靜、和睦、互相體諒的生活。」

這個人所做的，就只是把心中所有的厭惡與仇恨都驅逐

出去。當他轉向內在，臣服於平和的黃金河流，這條河流便回應了他，每件事都照著神聖秩序發生了。

✦ 如何不再成為受害者

在夏季那幾個月，我有幸在科羅拉多州丹佛市舉辦了一場研討會，並與在場的一名男士面談。他說：「我被困住了，感到沮喪、不快樂、到哪裡都不順。我想賣掉農場，然後離開，但我覺得自己像被關在牢籠裡，掙脫不得。」

我告訴他：「如果我現在催眠你，不管我說你是什麼樣的人，你一定都會相信。因為負責推理、判斷及評估的意識心智已經停擺了，而潛意識不會跟你唱反調，它會完全接受你給它的暗示。如果我告訴你，你是一個印第安嚮導，要你去追蹤一名罪犯，你就會隱匿行跡地在山區追緝。

「如果我說你正在坐牢，你會覺得自己就是囚犯，相信自己被困在牆壁和鐵欄杆之間。如果我命令你設法逃獄，你會想盡法子尋找出路。或許你會撬鎖，或許你會挖地道，或是偷走獄卒的鑰匙。但是你人就在這裡，就在科羅拉多州的開闊空間裡，跟風一樣自由。所有這一切，都是你的潛意識聽從暗示，並忠實地執行。

「同樣的，是你跟潛意識暗示你不能賣掉農場、你是囚徒、你不能去丹佛做想做的事、你負債累累、你處處碰壁。你的潛意識別無選擇，只能接受你的暗示，因為除了你給它的暗示，它一無所知。

「事實上，一直都是你在催眠自己，你的束縛與限制是你給自己強加的。你會受苦，是因為你虛假的想法與信念一直在內心製造衝突。」

我建議他懺悔。懺悔意味著重新思考——從根本原則與永恆真理的立足點來思考。我告訴他，勇敢地挺身而出宣讀自己的利益，正如莎士比亞所說：「心準備好了，則萬事俱備。」我接著告訴他，他必須下定決心現在就去接收屬於自己的好事，因為和諧、健康、和平、指引、富足及安全的王國就在眼前，是他觸手可及的，只等著他接受、領取屬於他的好事。

我給這個男人的靈性配方是下面這一篇宣言，建議他每天複誦：

　　我的心智現在吸收、關注、著迷於「神聖存在」永恆不變的真理。我現在靜下心來，默觀「永生靈在我之內、與我同行、在我裡面說話」的偉大真理。我停下轉

個不停的頭腦，知道永生靈在我之內。我知道並相信這一點。

　　無限智慧會吸引來想要買農場的買家，買家會在這裡蓬勃發展，這是一場神聖的交易，我們都受到了祝福。來的是合適的買家，成交的是合適的價格，這是因為在我潛意識更深層次的湧動，讓我們在神聖秩序中搭上線。我知道「心準備好了，則萬事俱備」。一旦我開始擔憂，會立刻聲明：「這一切都不會動搖我。」我知道我正在重新調節自己的心，讓心變得更靜定、更放鬆、更自在、更沉著。我正在為自己創造一個自由、富足、安全的新世界。

　　幾週後，我接到這個農場主人的電話，他告訴我農場已經賣掉了，可以一身輕鬆地去丹佛了。現在，他不再是心智的囚徒。他說：「我意識到，是我的負面想法把自己關在匱乏、局限的牢籠裡，事實上，是我催眠了自己。」

　　這個男人認識到想法是有創造力的，他所有的挫敗都來自別人的暗示，而他全盤接受了。他原本可以拒絕接受那些說法的，而且事件、境遇、條件都不是造成他困境的原因。但他沉溺在夾帶著恐懼與限制的他人暗示中，不明白這種直

線思考才是他世界中唯一的肇因與力量。後來經過反覆的冥想，給了他正向思考的力量，也證明他有能力按照宇宙法則做出明智的選擇。

當焦慮、擔憂和恐懼生起時，要保持內在的平衡並聲明：「我將仰望永生靈，祂會給我力量。任何外在事件或情況都不能撼動我。」

本章重點

- 停止去想世界上的各種天災人禍──犯罪、災難、病痛、政治動亂與悲劇。明白是神聖法則與秩序支持著這個世界，而你將會超越由騷動、消極的群眾心理所引發的惡意與混亂。

- 精神上退回到靜默的心智中，默觀萬物背後不偏離正道的法則。把神聖存在放在心上，你將擁有平靜、自在以及想要的一切。

- 不要去想，也不要談論你的症狀、麻煩和憂慮。因為你所餵養的，都會壯大起來。

- 只要將你的心智與心靈都轉向神性，所有的憤怒與仇恨都會消融。

- 永生靈是贈予者，也是禮物本身，而你是接受者。現在就在心裡伸出手來，讓和平之河流經你的心靈與心智。神聖存在是永恆的當下，所以你還在等什麼呢？**現在**就接受！

- 愛超越所有宗教與制度的教條。不要讓宗教或政治上的分歧阻礙了愛。

- 你不是環境、條件、遺傳或境遇的受害者。這些都不能控制你，相反的，潛意識的力量可以幫你控制或超越它們。

神聖智慧的指引

天生擁有敏銳直覺力的人，似乎總是搶占天時地利，
也知道如何抓住機會。直覺是潛意識本具的一種力
量，對於任何願意接收直覺的人來說，它們都是寶貴
的機會。學習駕馭潛意識的力量，你就能從神聖指引
中受益——那是一種可以保護你、引導你邁向一切美
善的智慧力量。

有一條神聖指導原則在你身上及全宇宙運行，當你善用自己內在的無限智慧時，便可以吸引許多美妙的體驗與事件，超越你能想像得到的夢想。這一章將以各種方式來為你揭示這條神聖指導原則，以便你可以實際操作，將各種各樣的祝福都吸引到你的生活中。

✦ 神聖引導的正確行動

只要你的動機是良善的，真心想做正確的事，神聖指導就來了。當你的想法是端正的，符合「己所不欲，勿施於人」的黃金法則及對所有人都有好處的原則，一種發自內心的平靜與祥和感就會湧現。這種內在的泰然自若、平衡及寧靜的感受，會引導你在人生所有階段都做正確的事。當你誠摯地祝福別人擁有你希望擁有的東西時，你便是在踐行愛，並落實健康、快樂及心靈平靜的法則。

我有一個建商朋友，整天忙得不行，電話多到他吃不消。他對我說：「大家都說建築業不景氣，但我的電話卻多到接不完。」他還說自己過去犯了很多錯誤，曾因投資失當賠了兩筆小錢，但六年前當他開始用肯定語的方式來啟動潛意識力量，一切都不一樣了。他給我看了他的每日宣言，整

齊地謄打在一張卡片上隨身攜帶。內容如下：

　　我原諒自己以前的所有過錯，也不怪罪任何人。我
　所有的錯誤都是邁向成功、富足、進步的墊腳石。我堅
　信永生靈一直在指引著我，因此無論我做什麼都會是對
　的。我充滿信心地前進、無畏無懼，對所有工作都全力
　以赴。我感覺、相信、聲明，並知道我在各方面都會受
　到提升、指引、支持、興盛及保護。我做正確的事、想
　正確的念頭，而我知道潛意識中有一個無限智慧會回答
　我。我給客戶最好的，也接受指引而訂出適當價格。我
　受到啟發，看出我該做什麼，然後就去做。我會吸引到
　合適的工人，他們跟我和睦共事。我知道這些想法會進
　入我的潛意識，形成一種主觀的模式，而我相信潛意識
　會依據我的慣性思考自動回應我。

　　這是我的建商朋友每天都會說的宣言，並在潛意識的自
動模式下，吸引各種好事上門。他對我說，他無論做什麼似
乎都能點石成金。他已經有六年多沒有出現失誤、損失、勞
資糾紛了。確實，他自然而然地受到了引導，你也可以。
　　請記住，你的潛意識是依據意識心智的思維與想像來回

應的。

　　已故的哈利・蓋茲博士是《埃米特・福克斯其人其事》
（暫譯，*Emmet Fox, The Man and His Work*）一書的作者，
他凡事都信靠神聖的指導原則。有一次，就在他登機時，內
在的聲音說不行。這時他的行李已經上了飛機，他便叫人取
了出來，當場取消行程。他聽從直覺，保住了一命，而上了
那架飛機的人全都遇難了。

✦ 找到你真正的歸屬之地

　　一旦知道神聖存在即無限的生命，而你是永恆生命所顯
化出來的，你就會對無限的指引力量建立信心與信任。生命
法則想要透過你來表達它自己。你是獨一無二的，你的想
法、言行都與眾不同。全世界沒有一人與你一模一樣，因為
生命法則從不重複。知曉並相信你擁有獨特的天賦與能力，
就因為你是你，所以可以用一種特別的方式去做一件世界上
沒有人能做的事。

　　你來到這裡，就是為了淋漓盡致地揮灑自己，做喜愛的
事，從而圓滿你這一生的使命。你很重要，你是神聖的表
達，你在哪裡，哪裡就需要你；否則，你不會出現在這裡。

神聖存在就安住在你之內，所有的神聖力量、屬性及品質都在你之內。你有信心、有想像力，具備選擇及思考的能力。你用自己的思考方式塑造、雕琢並創造自己的命運。

✦ 一名男性如何揭露自己的才華

一名曾在音樂界、戲劇界及商場奮鬥過的年輕人對我說：「無論我做什麼都不成功。」我對他說，答案就在他的內心，他可以找到人生的真正表達。我向他解釋，做自己喜歡的事，才會快樂、成功並蓬勃發展。

他在我的建議下，反覆誦讀以下的宣言：

> 我有能力爬得更高。我現在明確地認定我是為成功而生的，是為了過著有建設性的生活而來的。我內心已經確信，通往成功的康莊大道現在是我的。我內在的無限智慧揭露了我蟄伏的才華，並跟隨指引進入善於邏輯推理的意識心智，清楚地看見：現在成功是我的、財富是我的，我正在做自己喜歡的事，以美好的方式來為人類服務。我信任神聖指導原則，知道答案就在眼前，因為當我相信時，事情就搞定了。

　　幾個星期下來，這個年輕人每天都滿懷信心地複誦這篇宣言好幾遍，他強烈地渴望進修，想成為心靈科學方面的神職人員。如今他已經是個成功的教師、牧師及顧問，對工作非常投入又樂在其中。他發現無限的指導原則知道他內在有哪些才華，並根據他的信念而揭露了那些才華。

✦ 一名八十歲的女性如何發掘內心的富裕

　　我與一個八十多歲的老婦人有過一段非常有趣的對話，在聖靈的啟迪下，她精神矍鑠、神采奕奕。她告訴我，連著幾個星期她都在睡前向高我請求：「高我向我揭示了一個新點子，它完完整整地出現在我的心智，我可以非常具體地觀想它。這個點子可以祝福所有人。」她在心智的屏幕上清楚地看見了一個畫面，那是某個新發明的完整模型。她畫出圖樣後交給了工程師兒子，後者則委託律師取得了專利。一家企業開出了五萬美元買下這個新發明，外加銷售額的抽成。

　　老婦人堅信內在至高無上的智慧、無限的指導原則會回應她，給她完整的點子，包括每一處可能需要的改進。她下達的命令全都實現了，就跟她期待、觀想及計畫的一樣。

　　無論你的專業、生意、行業或工作是什麼，**你都有能力**

讓心安靜下來，召喚潛意識的無限智慧向你揭示新點子，一個可以祝福你及全世界的點子。你可以篤定地相信你會得到答案，因為所有事情的答案都已經在你之內，它們從一開始就在那裡。神聖智慧就在你之內，祂知道答案。

> 所有事情的答案都已經在你之內。

✦ 一個男孩的美夢實現

有個十二歲的男孩平時會收聽我的晨間廣播節目，他想跟媽媽說放假時要去澳洲看叔叔。他想去的念頭非常強烈，但另一個念頭告訴他：「媽媽不會答應的。」媽媽說：「不可能，我們沒有錢，你爸爸根本負擔不起。你是在做夢。」

男孩告訴媽媽，他在我的廣播中聽到，如果你渴望做一件事，並相信自己內在的創造性智慧會幫你實現，心願就會實現。媽媽說：「那你就試試看吧。」男孩收集並看了澳洲與紐西蘭的大量資料，他叔叔在澳洲有一個大農場。於是，男孩做了以下的宣言：「創造性智慧為爸爸、媽媽和我開路，讓我們放假時可以去澳洲。這是我相信的事，而創造性的力量現在接管了這件事。」每當他想到父母可能拿不出錢

時，他就會肯定地說：「創造性智慧會為我們開路。」這些
正負面的想法往往是相伴出現的，但他有意識地把注意力放
在正面的想法上，於是負面的那個想法便消失了。

一天夜裡他做了一個夢，夢見自己到了新南威爾斯，在
叔叔的農場上看到了上千隻的綿羊，也見到了叔叔跟堂兄妹
們。第二天早上醒來後，他把這個夢告訴媽媽，她聽了也很
驚訝。就在那一天，他叔叔來信邀請他們一家三口去農場，
並表示會支付他們往返的旅費。於是，他們接受了邀請。

男孩去看叔叔的強烈渴望，在他睡覺時成了向潛意識下
達的命令；於是，他使用第四次元的身體（星光體）去了一
趟農場。男孩告訴我，當他與父母抵達農場時，看見了與他
睡夢中一模一樣的情景。就是這樣，男孩憑著他的信念，把
事情搞定了。

✦ 無限力量的傳播

你也可以運用無限的力量去引導別人，無論對方是陌生
人或親朋好友。那麼，你應該如何做呢？你知道無限的指引
力量會回應你的想法，而且也相信祂給你的回應。我已經為
許多人這麼做過，並取得了非常好的效果。

　　例如，有一天一個年輕的工程師打電話給我：「我現在的公司要出售給一間大企業，他們說新的單位沒有我的位置。你可以幫我祈求神聖指引嗎？」我告訴他，無限的指導原則會為他打開另一扇門，好讓他能展現自我，而他唯一要做的，就是相信事實就是如此，堅定得就像他對波以耳定律（Boyle's law）或亞佛加厥定律（Avogadro's law）的信心一樣。

　　我是這樣運用這條原則的。我想像這個工程師對我說：「我找到了一個高薪的好工作，這個工作就像從天上掉下來一樣。」在他掛了電話後，我這麼想了大約三、四分鐘，然後便忘掉並放下這件事。我相信並期待著答案自動出現。

　　隔天他打電話過來，告訴我有家新的工程公司給了他條件優渥的工作機會，而他接受了。他說，這個工作就像「從天上掉下來一樣」！

　　天地間只有一個心智，我主觀想像並覺得真實的事，成為這個工程師的實際體驗。只要你召喚無限的指導原則，始終都會得到回應。凡是你相信會發生的事，必然會發生。

本章重點

◆

- 從錯誤中學習，錯誤是成功的墊腳石。

- 只要你相信神聖指引，神聖指引必會回應你。

- 透過唯一的神聖心智，你可以駕馭神聖智慧的力量去引導其他人。你對他人的祝願，會立即傳遞到對方的潛意識，對方的潛意識便會促成正面的結果。

- 要發掘蟄伏在內的才華與真正的使命，你可以尋求神聖智慧的協助。請帶著堅定的信念做出以下聲明：「神聖智慧向我揭露蟄伏在內的才華，並開啟完美的道路，讓我的才華得以完全發揮。一旦善於邏輯推理的意識心智有了線索，我會照著去做。」

- 神聖指導原則可以保護你免於受到傷害，並警告你即將發生的危險，救你一命！

- 當你的動機是良善的，真心想做正確的事時，你就

會做出神聖的正確行動。

● 時時刻刻感受、相信並知曉你是受到指引、支持和祝福的。當你持續在潛意識心智強化這個真理，就會自動得到指引。

● 做出明確的決定，認定你是為成功而生的，是為了過著有建設性的生活而來的。聲明並相信成功的康莊大道現在已經屬於你，宇宙的指導原則將會指引你邁向勝利、歡喜及非凡的成功。

● 為了取得內在的寶藏，你要召喚在你之內的無限智慧來揭示一個新的創意點子，它將造福你與所有人。因為你堅定的信念，事情就搞定了。

● 宇宙智慧無所不知，能夠幫助你尋物和尋人。如果你正在尋找失聯已久的親戚或朋友，可以大膽地宣告並相信答案會出現：「宇宙智慧知道這個人在哪裡，會在神聖秩序中揭露他的下落。我將這件事交託給我的主觀心智，它會以自己的方式揭示答案。」

為自己與別人的生命
創造奇蹟

所謂奇蹟，是讓現在、過去及未來有可能發生的事情
成真，但它無法告訴你什麼事不可能發生。歷史上許
多靈性極高的人都顯現過奇蹟，例如治癒病痛、起死
回生、改變物態或讓死者顯靈等等。至於如何行使奇
蹟，相關資料少得可憐，但現在我們已經知道如何使
用潛意識的力量了，所以你也能夠創造奇蹟。

相信，就是把某件事當成真實的。然而，許多人卻把這當成子虛烏有的事，以致為這個信念而受苦。舉個例子，如果你相信洛杉磯位於亞歷桑納州＊，你會在信封上這麼寫地址，那麼你的信件要不是寄丟了，就是退還給你。記住，要接受一個想法就必須先相信它。如果有人說你是為成功而生、生活上的所有困境都難不倒你，而你完全接受了這個說法，那麼，顯而易見的奇蹟就會在你的生活中發生！

我說「**顯而易見**的奇蹟」是因為對潛意識力量來說，沒有什麼是奇蹟。潛意識的功能及它帶來的結果，都符合了自然及超自然的法則。在許多方面，「奇蹟」的發生是因果引發的結果：將某個願望烙印在潛意識，潛意識便會在它的主觀世界創造出你想要的東西，再將這件東西由潛意識帶進客觀世界，也就是所謂的**真實**世界。

✦ 深信不疑的奇蹟創造

亞歷山大大帝是古代馬其頓王國的國王，在他可塑性高的幼年時期，母親林匹亞絲（Olympia）告訴他，他的天性

＊ 譯註：洛杉磯位於加州。

是神聖的，不同於其他的男孩子，因為是天神宙斯讓她受孕的，所以他會超越一般男孩的所有限制。小男孩對此深信不疑，等他長大成人後所建立的聲望、權柄、實力全都不同凡響。他的一生完成一場接著一場超乎常人的英勇事蹟，世人稱他「神聖的狂人」。亞歷山大不斷做到出人意料和不可能的事蹟，成為一個傑出的戰士與征服者。他完全相信自己不是凡人父親腓力二世國王（Philip II of Macedon）的兒子。

據記載，有一回他抱住一匹未經馴化、脾氣暴躁的駿馬，沒上馬鞍或馬轡就直接躍上馬背；結果馬兒溫順得就像羔羊，而先前他的父親和馬夫連摸都不敢摸一下這匹馬。亞歷山大相信自己是神聖的，擁有凌駕所有動物的力量。後來他征服了當時的已知世界，建立了屬於他的大帝國。據說當時他還哭了，原因是再也沒有其他王國可以征服了。

我引述這件事只是要說明信念的力量，它能夠使所謂的不可能變成可能。亞歷山大相信自己的信念並親身演繹，以自己的方式在心智、身體及成就上展現了這種無限的力量。

✦ 認識你的神聖本質

你是永生靈的孩子，生而神聖，有能力、力量及才華像

神一樣地做事。想想在你召喚內在的無限力量後，可以做多少好事。當你相信神聖存在與你是一體的，這樣的信念將排除人類所有虛假的信念與見解，讓你能夠去做神聖的工作，就在此地，就在此時。

> 我知道並相信自己脫胎自神聖的智慧與力量，被賦予神聖的所有力量、特質與屬性。我堅信自己的神性，並接受與生俱來的神聖權利。造物主以他的形象與特質創造了我，賦予我掌管萬物的權力。永生靈在我之內，憑靠祂的無限力量，我能夠克服所有問題與挑戰。我的每個問題都能克服，我相信自己能夠釋出無限的療癒力，緩解我與他人的痛苦。我得到上天的靈感與啟發，每天都表達出更多神聖的愛、光、真理與美。我知道這一切對我都是可能的，因為我是神聖的。就在這一刻，我聲明永生靈的光在我之內發亮，祂的榮光照耀我。神聖力量強化了我，沒有任何事是我做不來的。

持續複誦這些真理，直到它們成為主觀的現實，奇蹟會在你的生活中發生。

問問自己：「我可能擁有所渴望的事物嗎？」你相信自

己可以擁有很棒的朋友與伴侶嗎？你相信自己需要的所有財富，是宇宙藍圖中的一種可能性嗎？你相信自己找得到生命真正的歸屬嗎？你相信永生靈對你的意旨，是要你活得富足、快樂、和平、喜悅、豐盛、健康，以及更好地表現自己嗎？如果你對這些問題的答案都是肯定的，相信並期待生命會給你最棒的，最棒的便會來到你身邊。

✦ 防礙富裕人生的錯誤信念

許多人認為財富、幸福、富足都是別人的，不可能輪到他們。這是出於自卑，覺得自己不如別人，或是經常遭受到拒絕。生而為人，誰都沒有比誰高一等，每個人都是神性的一部分，都可以取用祂的無限力量。

家庭條件、背景或幼年環境都不能限制你，世上有千千萬萬的人超越了出身，在人群中抬頭挺胸，即便他們不是含著金湯匙出生。亞伯拉罕・林肯（Abraham Lincoln）出生在一間簡陋的小木屋中；耶穌是木匠之子；偉大的教育家喬治・華盛頓・卡弗（George Washington Carver）生而為奴。但神聖豐饒對所有人都一視同仁地慷慨大方，不分膚色、信條、性別或其他差異。

《聖經》說：「照你們的信心，就成全你們吧！」如果不相信自己有權得到渴望之物，就等於把命運完全交給了運氣，或是等著別人替你作主。

✦ 你值得擁有富足美滿的生活

宇宙的良善厚賜豐富的所有一切，供你享用，而你被安置在這裡榮耀你的造物主，享受豐盛的祝福。你絕對有權利把任何好事帶進生命中，只要你的動機是無私的，就像希望自己好一樣，也真心地希望每個人都能跟你一樣好。你對健康、幸福、和平、愛、富足的願望，不可能傷害到任何人。你有權利得到好的工作，擁有優渥的收入，但不該覬覦別人的工作。無限存在可以引導你找到適當的工作，得到與你的正直、誠信相符的收入。

相信你有權利去追求所需要的美好，並盡你所能地將這些好事帶入你的體驗，然後它們便會在現實世界顯化。不要想拿走別人的任何東西，因為神聖的無限豐饒人人都有份。當你相信生命、善用生命，生命自然會回應你。

你所有的經歷、境遇及事件都源自於你的信念，因與果是不可分離的。你那些習慣性的想法會在生命的各個階段表

達出來。你有一個沉默的夥伴，祂會安慰你、引導你、指引你，並且為你打開一扇門，任誰都無法關上。平常在生活中，滿懷喜悅地期待最好的結果，那麼最好的結果必然會出現。

每天早晨當你醒來時，請堅定、輕柔、有愛地宣告：

> 這是神所創造的日子，我要快樂地生活在其中。今天，奇蹟將會在我生活中發生，我會擁有圓滿的人際關係，會遇見美好而有趣的人，會在神聖秩序中完成所有工作，並且有出色的表現。我的沉默夥伴向我揭示，如何以更好的新方法把事情做好。我知道在無限力量的眼中，看不到阻礙，也不存在任何阻力。我相信永生靈正在幫我超越我最瘋狂的夢想，而我知道，只要相信，凡事皆有可能。

✦ 幫助窮人的方法

不要同情窮人，也不要去想與貧窮有關的事。從來沒有哪個人心裡想著貧窮而能致富，就如想著病痛不會讓人重拾健康，想著罪惡不能得到善良。

窮人也不需要賑濟，他們需要的是機會與啟發。俗話說

得好：「授人以魚，不如授人以漁。」直接給魚只能解一時
之飢，教人釣魚的方法才是長久之計。更棒的情況是，從一
個點子開發出新商機或產業，所創造的財富與機會可以養活
幾十人、幾百人或甚至幾千人一輩子。

　　不去可憐窮人或不試圖解決貧窮問題，不是冷血。想要
為窮人服務、想在解決貧窮問題時盡一己所能，你的所思所
想都要往繁榮富足的方向靠近，並遠離貧窮，你要想的是：
「我自己和別人都是富足的。」不要跳進跟窮人一樣的坑
中，對所有人都沒有好處。你留在坑外可以做更多事，為他
們提供爬出坑的方法。這，也是奇蹟。

✦ 一名破產男性如何重拾美好人生

　　前陣子，我剛與一名破產的男人見面。他的心情鬱悶、
沮喪，妻子與他離婚了，孩子們也跟他斷了聯絡。他說妻子
荼毒孩子的心，讓孩子們嫌棄他。他還說根本不相信什麼神
聖存在，否則他不會走到山窮水盡的地步。

　　我直接指出，即使他信誓旦旦地說地球是平的，但地球
仍然是圓的。此外，不管信或不信，他的內在都存在著無限
智慧。我建議他嘗試以下這個靈性配方，十天後再來見我。

　　我信任神聖存在，祂是推動世界並創造萬物的無限力量。我相信這無限力量存在我之內，相信神聖智慧正在引導我，也相信神聖財富會像雪崩一樣地流向我。我相信神聖的愛充盈著我的心，而這樣的愛也充滿了我兩個兒子的心智與心靈，我相信愛與和平的紐帶會讓我們團聚。我相信我會獲致巨大的成功，相信我會得到快樂、喜悅和自由。我相信神聖存在永遠不會失敗，既然祂在我之內，我也會非常成功。我相信、我相信、我相信。

　　我建議他早、中、晚各抽出五分鐘，大聲誦讀以上的真理。他答應了，隔天他打電話過來：「我對說出口的話一個字都不信，有口無心，沒有任何意義。」我要他堅持下去。「既然你都已經開始，就表示你多少有一點信心了。再堅持下去，你就能移除那座懷疑、恐懼、匱乏和挫敗的高山。」

　　十天後他回來找我，看起來很快樂且神采奕奕。他兩個兒子來看他了，父子歡喜團聚。在新的思考模式下，他買了愛爾蘭樂透，發了一筆小財，如今已東山再起。他發現打造神聖生活的無限力量，也適用在他身上！

　　我知道，一開始那些祈禱詞對他沒有任何意義，但只要他頻繁地讓心智習慣祈禱詞並持續思考，祈禱詞便會沉入他

的潛意識，成為他心靈狀態的一部分。就算你沒有任何宗教信仰，你也有力量透過潛意識，在生活中做出不可思議的正向轉變。你所要做的，就只是將改變的種子播種到潛意識的土壤中，並相信種子會生根、發芽、開花、結果。

本章重點

◆

- 相信，就是把某件事當成真實的。然而，許多人卻把這當成子虛烏有的事，以致為這個信念而受苦。

- 就像亞歷山大大帝，如果你相信自己的本質是神聖的，就能完成別人認為不可能的事。

- 相信透過神聖的力量與神聖的智慧，你可以成為想要的樣子、做想做的事、擁有想要的東西。

- 成為你想要的樣子、做想做的事、擁有想要的所有一切，關鍵就在於信心。愛、喜悅、沉穩、感恩、良善、熱情與其他的正向感受，都是懷抱信心的標

誌。相反的，懷疑、恐懼、焦慮、絕望、憤怒及其他負面情緒，則是缺乏信心的跡象。

● 看穿表象與其他人認為不可能的事，默觀願望成真的現實。

● 檢視你的信念，並以一篇好宣言為範本來加以改寫。相信神聖的力量、神聖的指引以及神聖的豐盛。

● 你絕對有資格得到生命的一切豐饒。現在就接受屬於你的好事，歡喜地期待最棒的事物到來。

● 你所有的經歷與境遇都是從信念衍生出來的。改變信念，就能改變你的現實。

● 即使你不相信有一個更高的力量，但一旦你開始宣告真理，那就是在潛意識種下一顆芥菜種子，在你向自己的心宣告這些真理時，種子會持續成長。

● 如果你像本書說明的那樣去善用潛意識的力量，很快便會發現信心會招徠好事，甚至在你的生命中創造所謂的奇蹟。

健康、財富、人際關係、
自我實現的宣言

宣言可有效地將自主的思想與願望烙印到潛意識。宣言有兩種目的：首先，消除意識心智所有的負面念頭、畫面、自我對話；其次，讓意識心智充滿正向的念頭、畫面、自我對話，進而開始烙印到潛意識心智。

在這一章中，整理了不少關於健康、財富、人際關係和自我實現的強大宣言，因為所謂的「富」，不僅僅與錢財及物質有關。一個富足的人生必須涵蓋所有生活層面，包括健康、人際關係、個人成就，這些都是追求個人經濟自由的有力支持。

宣言背後的概念與道理很簡單。大多數人從小就學會了在犯錯時貶低自己，有時錯誤是真的，但有時純屬想像。我們抱持著對自己的特定想法，或是相信自己比不上別人，或是對自己的能力沒有信心，然後就這麼長大成人了。於是，很多人的心智中充滿了自我懷疑。當我們反覆念誦宣言，不斷地肯定自己，就能夠消除作繭自縛的念頭，把心智中的畫面更換為更有力量的自我形象。

根據負面信念有多根深柢固、對宣言的相信程度，以及潛意識回應指令的速度，宣言的效果也不一樣，有時可以立竿見影，有時需要一段時日才會看見效果。保持耐心、沉住氣，每天持續用正確的心態複誦宣言一次或多次，堅信你宣告的內容是真的，在心裡清楚觀想自己已經成為想成為的人、正在做想做的事，以及擁有想要的東西。

✦ 健康

DNA 含有身體的藍圖，而心智控制所有的身體功能。你不必有意識地刻意費力，心臟就會自行跳動、肺會吸進空氣、食物會消化、營養會輸送到需要的器官與組織，而有害的病毒和細菌會被辨識出來、消滅並排出，傷口和瘀血會痊癒。

病痛是潛意識接受不健康的想法或信念導致的結果。要恢復健康，就得提醒潛意識記起驅動身體健康的生命力。就像光明之處沒有黑暗一樣，只要完全健康就不可能給病痛存在的空間。

在這個章節中，提供的宣言都可用來幫助你在潛意識中留下完美的印象，讓神聖的完美流經你的身體、恢復健康，並重回完整的狀態。

連結愛與生命的無限原則

在我之內的神性有無限可能。我知道只要有永生靈，凡事皆有可能。我相信事實如此，並全心全意地接受這一點。我知道在我之內的神聖力量可以讓黑暗變光明、讓曲折的路變直。藉由默觀安住在我之內的神聖存在，現在我的意識提升了。

我現在要說的是療癒心智、身體和事件的話語；我知道在我之內的法則會回應我的信心與信任。我現在觸及自己內在的生命、愛、真理和美，並用它們來校正自己。我知道和諧、健康、和平，現在正在我的身體展現出來。

當我在生活、動作及行動中都認定自己非常健康，這就會成為現實。我現在想像並感受身體非常完美，就像真的一樣。我心中充滿了平靜、幸福感及感恩，因為正如我所相信的，我的所求會如我所願。

啟動療癒法則

我絕對相信在我之內的神聖療癒力量，我的意識與潛意識達成共識。我接受自己堅定宣告的真理，說出口的都是靈與真理的話語。

我現在命令神聖的療癒力量改變我的整個身體，讓我完整、純淨、完美。我內心非常篤定，充滿信心的祈禱正在實現。神聖智慧在所有事務上都會指引我，神聖的愛帶著不凡的美與恩典，流入我的心智與身體，讓我身上的每一顆原子都脫胎換骨、回歸正常、充滿能量。我感覺到一種超越一切理解的平靜，神聖的榮光環繞著我，我將永遠安歇在永恆的懷抱中。

穿上神聖的外衣

我在自己的靈魂殿堂裡感覺到神聖存在。神聖存在就是生命，也是我的生命。我知道神聖存在沒有肉體，祂無形無相、超越時間永恆地存在。我能從心靈之眼看見祂，在心領神會中，我看見並仰望神聖存在，具體得就像我看見數學題目的解答一樣。

我現在覺知到了平安、平靜與力量，這種快樂、平和及良善的感受，就是在我之內移動的永生靈，也是神聖存在、全能者在移動。外在的事物沒有力量傷害我，唯一的力量安住在我自己的心智與意識中。

我的身體是神聖的衣服，而全能的永生靈在我之內。祂純潔、神聖、完美。我知道這個聖靈是神聖的，而祂正在流經我的身體療癒我，令我的身體完整、純潔、完美。我對自己的身體及世界擁有完全的權力。

我對平安、力量和健康的想法，現在已經在我之內顯現全能的力量，我能看見並感受到神聖存在；這真是太不可思議了。

靜下你的心

神聖存在安住在我的核心，祂是和平，用祂的懷抱包覆著我。在這種和平之下，充滿了深深的安全感、活力及力量。我安住在這種平和的內在感受中，那是靜默、蟄伏的神聖存在。永生靈的愛與光在照看著我，就像慈愛的母親照看著沉睡的孩子。在我的內心深處，神聖存在就是我的平安、我的力量、我的供給泉源。

所有的恐懼都消失了。我在每個人身上看見了神性；我看見神聖存在於萬物中顯化，而我是神聖存在的媒介。我現在釋出這種內在的平和，讓它流經我整個人，釋放並消融所有問題；這是一種超越所有理解的平安。

保持沉穩的心境

我現在充滿了神聖的熱情，因為神性與我同在；一切力量、智慧、莊嚴、愛，都與我同在。

神聖智慧之光照亮了我的心，讓我的心沉穩、平衡、安定。我體驗到一種完美的心理調適，與神聖的療癒力量結盟。我與自己的念頭和諧相處，並且樂於工作，工作帶給我快樂與幸福。我不斷汲取神聖的寶庫，因為這是唯一的存

在、唯一的力量。我的心智是神聖的,我平安自在。

體驗神聖的平安

　　在我的世界中,一切都平安而和諧,因為在我之內的永生靈,是和平的主。我的行動遵循著神聖存在的意識,我的心是平靜的、泰然的、安詳的、冷靜的。在這環繞著和平與善意的氛圍中,我感覺到一種深刻又持久的力量,以及免於一切恐懼的自由。我現在覺察並感受到神聖存在的愛與美,一天又一天,我越來越能夠感知神聖的愛,所有的虛假都會消失。我看見每個人都是神聖存在的化身。我知道,當我允許這種內在的平和流經我整個人時,所有的問題都能迎刃而解。我安住在神性中,因此我也安住在永恆的平安中。我的平安是深沉的、不變的,因為那是隨著神聖存在而來的。

以靈性配方療癒身心疾病

　　全能的靈滲入我的每個原子中,令我完整、喜悅和完美。我知道身體的所有功能都會回應在我之內湧現的喜樂。現在,我要喚醒永生靈給我的恩賜,我感覺好極了。喜悅與慧見的油膏啟發了我的智慧,成為我腳前的燈。

　　現在我的情緒得到了神聖的調節,神聖的平衡支配我的

心智、身體與所有俗世事務。從這一刻起,我決心向見到的
每個人傳遞和平與快樂。我知道自己的喜樂與平靜都來自內
在的永生靈,當我用他的光、愛及真理照耀別人時,我也在
以無數種方式祝福與療癒自己。我將神聖的光散發給全人
類,祂的光照亮我,也照亮我的路。我決心展現和平、喜悅
與快樂。

控制你的情緒

當恐懼、嫉妒或怨憎的負面想法生起時,我會用神聖智
慧取而代之。我的想法是神聖的想法,神聖的力量與我的善
念同在。我知道想法與情緒完全由我控制。我是神性的一個
通道,現在我將全部的感受與情緒重新導向和諧、有建設性
的方向。現在,我歡喜地接受神聖智慧的理念,亦即和平、
和諧及善意,並樂於表達出來;這會療癒我內在的所有不和
諧。只有神聖的想法能夠進入我的心智,帶給我和諧、健康
與平靜。

永生靈是愛。神聖的愛驅逐恐懼、怨憎與所有負面的狀
態。我現在愛上了真理。我希望每個人都能擁有我希望擁有
的一切,我向所有人散發愛、和平與善意。我安心自在。

與內在的神聖本質合而為一

我是平靜的、安心的。我的心靈與心智是由真善美所驅動，現在，我的所思所想都以神聖存在為依歸，這能安定我的心智。

我知道創造是精神活動，而我的真我在我的身體與俗世事務中創造和平、和諧與健康。在我的深層自我中，我是神聖的。我知道自己是永生靈的孩子，我創造的方式與造物主一樣，都是藉由心靈的自我觀照來創造。我知道我的身體不會自主行動，而是由我的想法及情緒來驅使的。

我現在對身體說：「別動，安靜。」身體就得服從。我明白這一點，並知道這是一條神聖法則。我將注意力從物質世界移開，進入內在的神聖殿堂中享受盛宴。我冥想並享用和諧、健康與和平，這些都來自內在的神聖本質；我安心自在，我的身體是永生靈的殿堂。

✦ 財富

要致富，記住並實踐以下的三條永恆法則：

- 供給沒有短缺之虞。你能接收多少，只會受限於你能夠承受的量，而不是供給的量。

- 避免零和思維——有人受益，就一定有人會損失——這是錯誤的觀念。既然供給不虞匱乏，別人擁有什麼，與你能得到什麼毫無關係。因此，你沒有理由嫉妒或羨慕別人。

- 與金錢交好。你不能一邊渴望金錢，一邊又貶低富人，或認為不應該追求金錢。這兩種觀點會在潛意識互相抵銷。

在這個章節中的宣言將幫助你養成正確的心態，使你能最大限度地獲得渴望的財富。

禮讚這一刻

我知道這一刻便是屬於我的美好，並由衷相信我可以預言自己的和諧、富足、平安與喜悅。我現在就將平安、成功和富足的概念銘記於心，因為我知道並相信這些想法（種子）會在我的經歷中成長並顯化。

我是園丁，知道並相信一分耕耘一分收穫。我栽種神聖的想法（種子），這些美好的種子是平安、成功、和諧與善

意，並帶來美好的收成。

　　從這一刻起，我要在神聖的銀行（潛意識）存放平安、自信、平靜及平衡的種子（想法），並將從這些美好的種子收成果實。我的每個願望、渴求都是我存放在潛意識的一顆顆種子，這是我相信並接受的事實。只要我能如實感覺到這是真的，所有願望就會實現、渴求會得到滿足。我接受願望已成真，就像接受種子播種到地裡就會生長的事實一樣。我知道種子會在黑暗中發芽，而我的願望或理想也會在黑暗的潛意識中萌芽；不久後，它會像種子從土裡冒出來一樣，以狀況、境遇或事件的形式顯化出來。

　　無限智慧在各方面支持我、指引我，我審視一切真實、誠實、公正、有愛及有美名的事物，當我思忖這些時，神聖的力量與我良善的想法同在。我平靜自在。

認同供給的無限源頭

　　我現在將成功與富足的模式，交給我內在的深層心智，也就是法則。我現在認同供給的無限源頭。神聖智慧在我之內發出平靜而細微的聲音，那是我應該傾聽的聲音。這個內在的聲音帶領、引導及支配我的全部活動。我與神聖的豐饒是一體的。我知道並相信有更好的方法來做好自己的業務，

而無限智慧會向我揭示新的方法。

我的智慧與理解都在增長,我的生意或工作是神聖的事務。不論哪方面,我都會得到神聖的眷顧。在我之內的神聖智慧為我揭示各種方法與手段,讓我所有的事情都能立刻回歸正軌。

這些充滿信心的話語,為我的成功和富足打開了所有必要的大門或途徑。我只會走在正道上、不彎不繞,因為我是永生靈的兒女。

享受富足的生活

我知道富足意味著在各方面都更有靈性。神聖智慧現在就讓我的心智、身體、工作都更為豐饒。神聖的點子持續在我之內展開,為我帶來健康、財富與完美的神聖表達。

我激動又興奮,感受到永生靈為我身上的每顆原子都注入了活力。我知道神聖生命正在激勵我、支持我,強化我。現在我的身體表現得完美、散發著光芒,而且充滿了活力、能量與力量。

我的事業或工作是神聖的活動,既然它是神聖的事務,就必須是成功且繁榮的。我想像並感受到一種內在的完整性,正透過身體、心智與事務在運作。我感謝富足的生活,

並為此而欣喜。

動員信心的力量

我知道，無論昨天有什麼二元對立的地方，我每日宣告的真理都會在今天勝出。我堅定地看到了請求被應允並感受到了喜悅，整天都在光中行走。

今天對我來說是美好的一天，充滿和平、和諧與喜悅。我對美好、良善的信念刻寫在我的心裡，感覺就像一種內在的光芒。我絕對相信神聖存在與神聖法則正在接收我的願望印記，並不可抗拒地吸引我所渴望的一切到我的體驗中。我現在把全部的依賴、信心及信任都交託給在我之內的永生靈，我信靠祂的力量；我平靜自在。

我知道我是無限神聖的客人，神聖是我的主人。我聽到全能者的邀請，祂說：「凡勞苦擔重擔的人可以到我這裡來，我就使你們得安息。」（《馬太福音》第 11 章第 28 節）。我在永生靈裡面安歇；一切都好。

信任豐饒的宇宙

我知道神聖存在對我的各方面都有助益，也相信神聖的豐饒讓我現在過著富足的生活。凡是有助於我的美好、幸

福、進步及平安的所有一切，我都能得到。每天我都能體驗到永生靈在我之內結出的果實，我接受現在的所有好事，所有好事都是我的。我是平靜的、泰然自若的、安詳的、冷靜的，而且與生命源頭同在；無論什麼時候、在什麼地點，我所有的需求都能得到滿足。我現在把所有的空容器都拿給在我之內的永生靈，讓神聖的豐饒在我生命的方方面面都具體顯化出來。凡是我的造物主有的，都屬於我。我很高興這是事實。

啟動你的想像力

我渴望更了解我的造物主以及祂的工作方式。我的願景是所有人都能平安、富足，而我相信聖靈會在各方面指引我、啟發我。我知道並相信在我之內的神聖力量會執行我的指令，這是我內心深信不疑的信念。

我知道想像是我的心智所構思出來的結果，我每天都在想像，並且只想像那些對自己與別人都是高尚、美好及神聖的事物。現在，我想像自己正在做渴望的事，想像自己擁有了渴望的東西，想像自己成為渴望成為的人。為了讓想像成真，我要真正感受這些都已經是真實發生的事，而且我的感謝也是發自真心的。

解決事業困擾

我知道並相信自己的事業是神聖的，萬能的主是和我共事的夥伴；祂的光、愛、真理、啟發，透過各種方式充滿了我的心智與心靈。我全然信靠在我之內在的神聖力量，這是我解決所有問題的方法。我知道神聖存在會維繫這一切。現在，我在安全、平靜與平和中安歇。今天，完美的理解環繞著我，所有的問題都有一個神聖的解決方法。我了解每個人，別人也了解我。我知道我在職場上的所有人際關係，都符合和諧的神聖法則。我知道，所有的顧客與客戶身上也存在著神性。我與他人和睦共事，直至最後都以幸福、繁榮、和平為依歸。

接收神聖的獎酬

我的事業是神聖的事業，一直都盡心盡力地向世人散播生命、愛與真理。我正在充分表達自己，以最好的方式來揮灑才華。我得到神聖的獎酬。

神聖存在正以一種奇妙的方式為我的事業、工作或活動帶來蓬勃的發展，我宣告在我們組織中的每個人都是一個靈性連結，都在驅策這個單位的成長、福祉與成功；我知道並

相信這一點，並且為這個事實而高興。每個與我連結的人，都會得到神聖的光所照耀與啟發。

光照耀並穿透每個人，在各方面給我引導與指引。我所有的決定都由神聖智慧所掌控。無限智慧揭示了我能為人類服務的更好方式，我安住在神聖的和平與和諧之中。

事業成功的指令

我知道我的事業、工作或活動是神聖的，因此始終都會成功。我的智慧與理解力每天都在成長。我知道、相信並接受以下這個事實：神聖豐饒總是為我效力，祂穿透我，也環繞著我。

我的事業或工作全都是正確的行動與正確的表達，我需要的點子、金錢、商品、人脈永遠都能到位，所有這些人事物都被吸引力法則的不可抗力而吸引到我這裡。神聖存在是我事業的命脈，在各方面指引我與啟發我。我一天天地成長、拓展、進步，不斷累積良好的意願。我非常成功，因為我跟人做生意時，都是本著「我怎麼待人，人就怎麼待我」的原則。

安住於靜默中

我知道並深切了解神聖存在是在我之內活動的靈性，那是我內在對和諧與平靜的一種感覺或信念，也是我心臟的跳動。這種靈性讓我充滿了自信感或信心，也就是我所稱的永生靈。祂涉過我的心智之湖，是我內在的創造力。

我相信真善美會伴隨我一生，我帶著這樣的信心生活、行動、立足於世；這種對高我與所有好事的信心讓我無所不能，足以移除一切障礙。

我現在關上感官之門，把所有的注意力從外界移開，轉向內在的「一」、美好及良善；在這裡，我安住在超越時空的神聖存在之內；在這裡，我在全能者的庇護下生活、活動及安住。所有恐懼、世俗的評判、事物的表象都不能影響我。我接受並擁抱無限豐饒，這是回應請求的泉源。

我成為自己默觀的對象。現在我覺得自己已經成為想要的樣子，擁有想像中屬於我的一切。這種感覺或覺知，就是神性在我之內活動的證明，也是我內在的創造力。我為所求得到回應而高興與感恩，並安住在得償所願的靜默中。

成為想成為的人、做想做的事、擁有想要的東西

我生命的核心是平安，這是神聖的平安。在這種定靜中，我感受到力量、指引與神聖存在。我像神聖一樣活躍，在各方面都展現永生靈的豐饒。我是神聖的一個管道，而我現在釋放了禁錮在我之內的輝煌。在神聖的指引下，我展現了生命應有的真貌，也得到美好的報償。我在各個地方的每個人及萬物身上看見了神聖存在，我知道當我允許這條平安之河流經我的生命時，所有問題都得以解決，所有的需求都得到滿足，所有的願望都能實現。我需要充分表達的一切，都被神聖的吸引力法則勢不可當地帶到我身邊。康莊大道已向我顯現，我充滿了喜悅與和諧。

✦ 人際關係

神聖的吸引力法則是脫胎自新思潮運動的概念，它主張積極或消極的想法，會透過正面或負面情緒的能量烙印到潛意識，然後在真實世界中產生相對應的結果。這條法則適用於我們所具備的、所做的及所擁有的一切，包括人際關係。

要把合適的人吸引到你身邊，比如朋友、伴侶、合夥

人、老師、精神導師等等，只需要你為對方的特質建立一個清晰的心靈畫面（心像），並注入正向的情緒，然後產生你需要的人已經出現的感覺。你的潛意識便會透過流經一切可見與不可見之物的神性來運作，將你們兩個人湊在一起。

這一章節的宣言，會讓你的潛意識與內在的神性協調一致，吸引來你想要的人與最適合你的人，你們雙方的需求都能滿足，也能夠提供彼此所需要的。

收聽造物主的廣播頻道

我總是將和諧、和平和喜悅帶進每個情境與所有的人際關係中。我知道、相信並宣告，在我的家庭及職場上的每個人，神聖和平在他們的心智與心靈中都有至高無上的地位。無論遇到什麼問題，我總能保持平和、鎮定、耐心和智慧。我可以完全地、不勉強地寬恕每個人，不管他們說過或做過什麼。我將所有重擔都交給內在的神聖存在，放自己自由，這種感覺非常美好。我知道當我原諒別人時，祝福就會來到我身邊。

在每個問題與困境中，我都能看到神聖存在的天使。我知道答案就在那裡，並會在神聖秩序中得到解決。我絕對信任神聖存在，祂知道如何才能成事。從現在到永遠，天堂的

絕對秩序與絕對智慧都透過我行動；我知道天堂的第一法則是秩序。

我滿懷喜悅地期待這種完美的和諧，我知道完美的解決方案是必然的結果；我的答案是神聖的，因為那是造物主廣播的旋律。

體驗靈性的重生

今天我在靈性上重生了，徹底地斷除了自己的舊思維，將神聖的愛、光、真理帶進體驗中。我有意識地感受到我愛著每個遇見的人，並在心裡跟每個接觸的人說：「我看到在你之內的神性，而我知道你也看見在我之內的神性。」我認可每個人身上都存在著神聖存在的特質。我在今天早晨、中午、晚上都做這個練習，這是我生活的一部分。

現在我在靈性上重生了，因為我一整天都與神聖存在不捨不離。無論做什麼，走在街上、購物或處理日常事務，每當思緒離開了良善，我都會把它拉回來，默觀神聖存在。我覺得高尚而有尊嚴，歡喜地感覺到與永生靈是一體的，我活在這樣的歡喜中。神聖的和平充滿了我的靈魂。

以愛解放自己

至高無上的存在是愛與生命，而生命是無法分割的整體。生命在所有人身上顯化它自己，是我這個人存在的核心。

我知道光明能驅散黑暗，而善良的愛會制伏一切邪惡。我對愛的力量有所認知，這會克服現在所有的不利情況。愛與恨不能共存，我現在用神聖的光明照亮我心中所有恐懼與焦慮的想法，於是這些想法逃竄了。黎明（真理之光）出現，陰影（恐懼與疑慮）退散。

我知道神聖的愛照看著我、引導著我，並為我掃除路上的障礙。我往神性擴展，現在我所有的想法、言語和行動都在彰顯神性；神性的本質是愛。我知道神聖的愛會消弭所有恐懼。

幸福與安全感的祕境

我安住在至高的祕境，也就是自己的心智。所思所想都以和諧、和平、善意為依歸。我的心智是幸福、喜樂及安全感的居所。所有進入心智的想法，都有助於我的快樂、和平與全面的福祉。我在友誼、愛與合一的良好氛圍中生活、活動、安身立命。

　　我心裡的每個人都是神聖的。在我心裡，我與家人、全人類和睦共處。我為自己祝福，也為全人類祝福。我現在住在神聖存在的房子裡，領受和平與幸福，因為我知道自己會永遠安住在這間房子裡。

控制情緒

　　我總是泰然自若、沉著、冷靜。神聖的和平充滿我的心智與我的整個存在。我實踐「愛人如己」的黃金法則，真誠地祝福每個人一切安好。

　　我知道對一切美好事物的愛能穿透我的心，驅散所有恐懼。我現在歡喜地期待最好的結果，內心沒有一絲一毫的憂慮與懷疑。我的真理之言現在消融了所有的負面念頭與情緒。我原諒每個人，向神聖存在敞開心扉。我整個生命充滿了發自內在的光與理解。

　　生活中的瑣事再也不能煩擾我，當恐懼、憂慮和懷疑來敲門時，對真善美的信念會去應門，而門外什麼都沒有。

表達你的感恩

　　我真摯而謙卑地感謝流經我的一切真善美。我有一顆感恩的、向上的心，對所有來到我心靈、身體及俗事中的美好

事物都心存感激。我向世人傳遞愛與善意，透過心念與感受來鼓舞他們。我不吝於表達我的謝意，為所有給我的祝福心存感激。感恩的心讓我的心智與心靈得以跟宇宙的創造力量緊密結合。感恩與欣喜的心，引領著我走向所有的美好。

吸引你的神聖伴侶

我知道並相信有一個男人／女人等著愛我、珍惜我。我知道自己可以增進他／她的幸福與平安。他／她愛我的理想，我也愛對方的理想；他／她無意改變我，我也無意改變對方。我們之間有愛、有自由，也彼此尊重。

天地間只有一個心智；在這個心智中，我現在就已經認識他／她了。我現在具備所有我欣賞的特質與屬性，而這些也是我的丈夫／妻子／伴侶所展現的特質與屬性。在我心裡，我們是一體的。我們已經在神聖的心智中相知相愛，在彼此身上看見神性。既然我們已經在內在相遇，必然也會在外面世界相遇，因為這就是心智的法則。

這些話語會前往該去的地方，達成使命。我知道現在事情已經搞定了，大功已告成。謝謝。

吸引靈性伴侶

至高無上的神聖存在是唯一的，不可分割的。在祂之內，我們存在、愛及活動。我知道並相信神性安住在每個人之內，而我與神聖存在、所有的人都是一體的。我現在會吸引與我完全契合的那個正確的人。

我現在宣布這人具備以下特質與屬性——有靈性、忠誠、虔誠、富足、平和、快樂。我們不由自主地互相吸引，只有屬於愛、真理及完整的人才能進入我的體驗。我現在就接受我的理想伴侶。

從靈的合一得到和平

和平始於我。神聖的和平充盈著我心，良善的意圖從我身上散發到全人類。神聖存在無處不在，盈滿了每個人的心。在絕對真理中，所有的人在靈性上都是完美的；他們展現著神聖的特質與屬性。這些特質與屬性是愛、光、真理與美。

沒有一個國家是自外於這個世界的，所有人都屬於一個共同的國家——這唯一的國度是神聖創造的一部分。一個國家是一個居住地，而我安住在至高的祕境中，與造物主並肩同行與交談；世界各地的所有人都是如此。只存在一個神聖

家庭，那就是全人類。

各國之間沒有邊界，因為神聖存在是唯一的、完整的、不可分割的，不跟自己對立、分裂。神聖的愛滲透到世界所有人的心中，而神聖的智慧掌管並引導著這個國度；祂啟發所有領導人執行祂的意志，只遵從祂的意志行事。神聖和平超越一切理解，它充滿我的心與全宇宙所有人的心。感謝神聖的和平，一切都已就緒。

✦ 自我實現

憑靠著潛意識的力量與滲透萬物的神性，你是自己命運的主宰。你只需要在內心形成一個清晰的心靈畫面，勾勒出你想成為什麼樣的人、想做什麼事，再以接納、感恩及熱切期待等正向情緒，將心靈畫面轉移到潛意識的屏幕上。潛意識便會自行想辦法將這個畫面反映在客觀現實中。

遺憾的是，這個技巧也適用於負面的心念及情緒，所以千萬要小心。如果你的意識心智生出了負面的清晰畫面，再加上恐懼或焦慮等負面情緒為這個畫面注入能量，潛意識就會接受這個畫面，並設法將此畫面反映在客觀現實中。

宣言及肯定語的作用就在於此，這個方法是消除負面心

念的關鍵角色，讓你的心智充滿了正向的畫面，並用正向的情緒來為這些畫面灌注能量。這一節所提供的幾篇宣言，可以讓你在選擇的目標上發揮全部潛力。

取得自主權

我知道自己對神聖存在的信念，決定了我的未來。我的信念，就是我對所有美好事物的信念。我現在與真實的想法融合，而且我知道未來將會跟我的慣性思考所想的畫面一致。因為心之所向，決定了身之所往，你怎麼想就會成為怎麼樣的人。從這一刻起，我的想法都會放在「所有真實的、誠信的、公正的、討喜的、有好名聲的人事物」上面。我夜以繼日地默觀這些人事物，而我知道這些將會成為慣性思考的種子（想法），並帶來豐碩的收穫。我是自己靈魂的船長、自己命運的主人，因為我的想法和感受決定了我的命運。

定義自己的命運

我知道，是我自己在形塑、建構及創造自己的命運。我的信念就是我的命運，也就是永遠對所有美好的事物抱著信心。我在生活中期待最棒的事物，只有最好的會來到我這裡。我知道未來會碩果纍纍，因為我的所思所想都是神聖

的，所以我的心念是真善美的種子。現在，我要將所有的愛、和平、喜悅、成功及善意的心念，播種在我的心智花園。這是造物主的花園，將會有豐饒的收成。神聖的榮耀與美將會展現在我的生命中。從這一刻起，我表達生命、愛與真理。我在各方面都很快樂與富足。感恩。

克服恐懼

無憂無懼，因為神聖之愛會驅散一切憂慮與恐懼。今天，我允許愛讓我與各個面向的世界保持絕對的和諧與和平。我的心念充滿了愛、仁慈與和諧，並覺察到自己與神聖存在是一體的，因為我在神聖存在中生活、活動、安身立命。

我知道自己全部的願望會按照完美的順序實現，我信任在我之內的神聖法則會讓我的理想成為現實。一切都是永生靈在運作。我是神聖的、靈性的、喜悅的、無所畏懼的。現在，永生靈的絕對平靜環繞著我，讓我能全神貫注地關注我所憧憬的事物。我熱愛這個願望，我全心全意地關注它。

我的精神狀態被提升到自信與平靜的情緒，也是永生靈在我之內活動的跡象。祂給我平靜、安全感，讓我能安住在其中。

發揮你的想像力

我的心智是神聖的，我的心念也是神聖的。每天我都會這樣運用我的想像力：默觀那些真實的、誠信的、公正的、討喜的、有好名聲的人事物；我的想像力是造物主的工坊。我只想像和平、和諧、健康、富足、完美的表達與愛，拒絕一切不神聖或不完美的事物。

今天我要回到我真正的位置。我每天都先在心裡尋找這個歸屬之地，我知道這個地方已經存在，等時機成熟便會向我顯現。我將全部的信心交託於至高無上的存在與良善。神聖的愛在我之內是至高無上的，驅散了所有的恐懼。我安然自在。感恩。

保持心態平衡

我知道內心的渴望源自在我之內的永生靈，因為祂希望我幸福。對我來說，神聖的意旨就是要我擁抱生命、愛、真理與美。現在，我在精神上接受我現在的好，並成為一個完美的、自由的、流動的神聖通道。

我歌頌並進入到神聖存在之中，讚嘆地進入祂的殿堂。我滿心歡喜、靜定又泰然自若。

在我耳邊低語的聲音鎮定又細微，向我揭示完美的答案。我是神聖的表達，始終都在真正的位置做喜歡的事。我拒絕接受別人的觀點，除非能通過真理的檢驗。現在我轉向內在，覺察並感受到神聖的節奏。我聽見永生靈的旋律，祂正在對我低語著愛的訊息。

我的心智是神聖的，總能反映出神聖的智慧。我的大腦會明智又有靈性地思考，神聖的點子以完美的順序在我心裡展開。我總是泰然自若的、平衡的、安詳的、冷靜的，因為我知道神聖智慧始終都會向我揭示我需要的完美做法。

與神聖意志結盟

對我來說，神聖意志就是良善、和諧與富足。我現在得到真理的啟發，智慧與理解每天都在成長。我是神聖存在與神聖智慧的完美通道，無憂無懼，也沒有任何困惑。在我之內的無限智慧是我的指路明燈，我清楚知道自己被引導去做正確的事與好事，因為這一切都是神聖存在的運作。

超乎理解的平靜感充滿了我的心智，我相信並接受自己的理想，知道它就存在於無限可能性之中。由於我在精神上全然接受，因此我的理想有了形式與表達，而且也感受到現實中我已經得償所願。神聖的平靜感填滿了我的靈魂。

說出有創造力的話語

　　我的創造性言語來自我默默無言的信念，在潛意識播下的任何念頭，都會在我的現實生活中開花結果。當我帶著對生命與力量的覺知說出療癒、成功或富足的話語，就知道一切自然會水到渠成。只要說出口的話都帶有力量，因為言語與全能者同在。我說的話總是有建設性和創造力，當我複誦宣言時，話語中充滿了生命、愛與感情，這使得我的想法與話語都有了創造力。我知道我越是相信這些話語，話語的力量就越大。我的話語成為一個明確的模子，決定了我的想法會被形塑成什麼樣子。神聖智慧現在透過我運作，並揭示我需要知道的事。我現在已經有了答案。我平靜自在。神聖存在就是平安。

知道問題都解決了

　　無論問題是什麼，我現在都要將注意力從問題移開。我敞開心智與心靈，讓至高無上的神聖流進來。我知道天國在我之內，我覺察、感受、理解並知曉自己的生命、存在的覺知、「我是」的特質，也就是全能的永生靈。我現在轉而承認那永恆不朽的「一」；神聖之光照亮我的道路；我全面受

到神聖的啟發與掌管。

現在我開始科學地思考與想像，宣告並感受自己已經成為想成為的人、做想做的事，以及擁有想要的一切，好讓我能得償所願。我在靈魂的無聲知曉中行走，因為我感受到了所有問題都已經解決的那個實相。感恩；只要相信，事情就搞定了！

聆聽神聖的答案

我知道問題的答案就在我之內的神性中。我現在安靜下來，放輕鬆，心裡一片平靜。我知道永生靈會平心靜氣地說話，不會帶給我任何困惑與混淆。我現在與無限協調一致，知道並堅信無限智慧正在向我揭示完美的答案。我想著問題的解決之道，並產生問題已經解決的好心情。我確實活在這種持久不變的信心與信任中，這就是解決問題的氛圍，也是永生靈在我之內活動的跡象。永生靈是全能的，祂正在顯化自己。我全身心都在為問題已經解決而歡喜；我很高興，帶著這種感覺生活並心存感恩。

我知道神聖智慧有答案，信靠全能的主，凡事皆有可能。萬能的永生靈安住在我之內，祂是一切智慧與光明的源頭。

平靜與泰然自若的感覺，是永生靈存在於我之內的證

明。我現在不再有壓力、也不再掙扎，我絕對信任神聖的力量。我知道一個燦爛成功的人生，所需要的一切智慧與力量都在我之內。我放鬆下來，將所有重擔都交給神聖的力量，放我自由。我宣告並感受到神聖的和平充滿了我的心智、心靈與整個人。我知道安靜的心態可以解決所有問題，現在我將所有要求都交託給神聖智慧，明白答案在祂那裡。我感到平靜又自在。

體驗神聖的自由

我知道真理，真理是當我的願望實現了，我便會從任何形式的束縛中解脫。我接受我的自由，並知道自由已經在潛意識那個創造性的世界中建立根基了。

我知道我現在的樣子、所擁有及所經歷的一切，全都是自己心態的投射。我沉浸於一切真實的、討喜的、高尚的、神聖的事物，據此來改變我的心智。我現在默觀所擁有的一切美好事物，包括和諧、健康、財富及快樂。

我把默觀狀態提升到接受的程度，以便全然接受內心的渴望。神聖存在是唯一的存在，我要充分地表達永生靈。我是自由的！神聖和平掌管我的家、我的心以及我的所有事務。

尋求神聖的指引

　　我現在安住在無所不在、無所不能的神性之中。我知道這無限智慧引導著各個行星待在軌道上正常運行，我也知道同一個神聖智慧支持並指揮我的全部事務。我宣告並相信神聖的理解永遠是我的，而我全部的活動都由安住在我之內的這個存在所掌控。我所有的動機都是神聖而真誠的，神聖的智慧、真理與美始終都透過我表達。我內在那個無所不知的全能者，知道該做什麼以及如何去做。我的生命是由至高無上的愛所支持，而神聖的指引是我的。我知道答案，因為我的心智是平靜自在的。我安歇在永恆的懷抱中。

採取正確的行動

　　我在想法、言語及行為上都向世人釋出善意。我知道，自己向別人散發的和平與善意，將會千倍回饋給我。不論我需要知道什麼，我都會從自己內在的神聖智慧得到。神聖智慧透過我運作，並揭露我需要知道的事。祂知道答案，而現在我也知道完美的答案。無限的神聖智慧透過我做出所有的決定，只有正確的行動與正確的表達才會發生在我現實生活中。每天晚上，我都把自己包覆在愛的神聖斗篷裡入睡，明

白神聖的指引是我的。當黎明來臨，我內心充滿了平靜，然後我帶著信心、自信及信任進入嶄新的一天。感恩。

重拾你的願望

我對健康、和諧、和平、富足及安全感的渴望，是永生靈對我說話的聲音。我選擇快樂與成功，並在各方面得到指引。我敞開心智與心靈，讓神聖智慧流淌進來；我平靜自在。成功和快樂的人都會被我吸引過來。我唯一認可的，是內在的神聖存在與力量。

永生靈的光穿透我，又從我照進周圍的一切。神聖之愛從我身上流出去，對於每一個進入我神聖存在圈子的人來說，這就是療癒的光輝。

我現在假設已經成為我想成為的人，而我知道重拾願望的方法，就是堅持自己的理想，明白有一種全能的力量在代表我做事。我在充滿這種信念與自信的情緒中生活與行動，並對得償所願心存感恩。因為潛意識工坊已經有了願望的雛形，所以一切都已經就緒了。

達成你的目標

我對神聖存在與祂行事的方法，已經有了突飛猛進的認

識。我以平和、有建設性的方式來控制自己的所有情緒，神聖之愛注滿了我全部的想法、言語與行動。我的心是平和的，也與所有人和平相處。我總是放鬆而自在。我知道我來到這裡，是要在各方面都充分表達內在的神性。我深信在我之內的神聖智慧給予的所有指引，無限智慧會向我揭示神聖的完美計畫，而我自信而喜悅地照計畫行動。我的目的與目標都是好的，並在心裡種下了實現的方法。神聖的力量現在代表我行動，並照亮我的路。

無限智慧揭示了我能為人類服務的更好方法。我安住在神聖的平和與和諧之中。

解決你的問題

我知道每個問題都有解決的方法，而解決的方法則以願望形式來呈現。實現願望是非常好的事。我知道並相信，在我之內的創造力擁有絕對的力量，能夠實現我深切的渴望。我的渴望是生命法則賦予我的，也是由它所孕育出來的。我對此深信不疑。

我現在騎著的白馬*，是在我心靈之湖中移動的永生靈。我將注意力從問題移開，全心沉浸於願望已經實現的現實中。現在我遵循神聖的法則，抱持著所有渴望都已滿足的

真實感受。透過「我已經成為想成為的人、做想做的事及擁有想要的東西」的想像，我真實地感覺到願望已成真，而這就是得償所願的方法。我以神聖智慧生活、行動、安身立命；我活在這種感覺中，並心存感激。

迎向勝利的人生

我現在放下一切，進入了平和、和諧與喜悅的感受中。至高無上的存在超越所有一切、貫穿所有一切，也在所有一切之內。我迎向勝利的人生，因為我知道神聖之愛會帶領我、指引我、支持我、療癒我。神聖存在是我存在的核心本質，現在祂顯化在我身體的每一個原子裡。我內心的願望將會實現，不可能有任何延誤、困難或障礙。無所不能的全能者代表我行動，沒有任何人事物能阻擋祂。我知道自己想要什麼，我的願望與渴求明確又絕對，我的心智完全接受並始終不渝。我已經進入了永生靈的家，我的心也平靜了下來。

---

* 譯註：出自聖經《啟示錄》：「有一匹白馬，騎在馬上的，稱為誠信、真實。他審判、爭戰，都按著公義。」

內容出處

✦ ✦ ✦

　　本書內容是從約瑟夫・墨菲的書籍、小冊子、演講及授課內容集結或改寫而成。在約瑟夫・墨菲信託基金會的斟酌下，新增了部分資料，為現代的讀者進一步闡釋要點。主要的文字來源如下。

書籍

Joseph Murphy. 2005. *Maximize Your Potential Through the Power of Your Subconscious Mind to Create Wealth and Success*

J. Murphy. 1969. *Infinite Power for Richer Living*

J. Murphy. 1952. *A Guide to Your Healing Powers*

講座

- Adjusting to Wealth and Health（向財富與健康調整）
- Building Self-Confidence（建立自信）

- Realize Your Desire（實現你的願望）
- Three Steps to Success（成功三步驟）
- The Master Key to Wealth（富裕金鑰）
- Programming Your Subconscious（重新設定你的潛意識，創造幸福人生）
- The Wonders of Master Thought（主思維的奇蹟）
- High Vision Leads to High Places（高瞻遠矚的人必至高處）
- How to Think with Authority（如何以權威的立場思考）

小冊子

Joseph Murphy. 1946. "Getting Results"（得到成果）

J. Murphy. 1949. "How to Prosper"（如何致富）

J. Murphy. 1948. "Riches Are Your Right"（富裕是你的權利）

J. Murphy. 1973. "Steps to Success"（成功的步驟）

致 謝

✦ ✦ ✦

首先，要感謝企鵝蘭登書屋（Penguin Random House）的團隊瑪麗安・利茲（Marian Lizzi）、瑞秋・艾雅特（Rachel Ayotte）等人，你們正視了老讀者的殷切期待，也讓新生代的讀者能夠認識約瑟夫・墨菲。謝謝你們在整個編輯過程中的協助。

其次，要感謝總編輯喬・科里耐克（Joe Kraynak）對約瑟夫・墨菲思想體系的了解與熱情。不論是專業或編輯技巧，喬都是首屈一指的。

關於作者

✦ ✦ ✦

　　約瑟夫・墨菲博士於一八九八年五月二十日出生於愛爾蘭科克郡（County Cork）的一個小鎮。父親丹尼斯・墨菲（Denis Murphy）在耶穌會創辦的愛爾蘭國立學校（National School of Ireland）擔任執事與教授，母親愛倫・康奈利（Ellen Connelly）是家庭主婦，後來又生育了一子約翰與一女凱薩琳。

　　約瑟夫在嚴格的天主教家庭中長大，父親相當虔誠，是少數教導耶穌會修士、但沒有神職的教授之一。他的知識廣博，對於許多學科都有涉獵，因此也培養了兒子對於做學問與學習的渴望。

　　當時的愛爾蘭經濟蕭條，許多家庭都在挨餓。雖然丹尼斯・墨菲工作穩定，收入卻只能勉強維持一家人的生活。

　　小約瑟夫就讀國立中學，成績優異，在家人的鼓勵下成為一名耶穌會修士。然而，在二十歲之前的那幾年，他開始質疑耶穌會的正統身分，於是離開了神學院。他的新目標是

探索新觀點、獲得新閱歷，由於在以天主教為主的愛爾蘭無法實現這個目標，他便離開家人，前往美國。

他來到埃利斯島（Ellis Island）移民中心時，口袋裡只有五美元。他的首要之務就是找到落腳處，並幸運地找到了一間出租屋，與一名在當地藥房工作的藥劑師分租一個房間。

約瑟夫在老家及學校說的都是蓋爾語（Gaelic），因此英語不好的他只能跟大多數愛爾蘭移民一樣打零工，賺取足以支付食宿的工資。

他與室友成了好朋友，當藥房有了職缺時，他便受聘為藥劑師助手，並馬上重新入學修讀藥劑學。憑著他的聰慧與好學，沒多久就通過了資格考試，成為合格的藥劑師。這時他的收入已經可以獨自租賃公寓，幾年後他買下了那家藥房並經營得有聲有色。

在美國加入二次大戰時，約瑟夫應徵入伍，被分發到第八十八步兵師的醫療單位擔任藥劑師。那時，他重燃對宗教的興趣，開始大量閱讀各種宗教書籍。從軍隊退伍後，他選擇離開藥劑師本行，到處旅行，並在美國與海外的幾所大學修課。

就在這段期間，約瑟夫迷上了各種亞洲宗教，甚至跑到印度深度學習。他從研究所有主要宗教的起源，擴展到研究

從古至今的偉大哲學家。

　　他所跟隨的教授中不乏最聰明、最有遠見的學者，但對約瑟夫影響最大的是湯瑪斯・托沃（Thomas Troward）博士，他是法官、哲學家與教授。托沃法官成了約瑟夫的精神導師，除了哲學、神學、法律之外，還接觸了神祕學，特別是共濟會。約瑟夫是共濟會的活躍成員，後來還晉升為共濟會蘇格蘭禮制（Scottish Rite）的第三十二級會員。

　　返回美國後，約瑟夫選擇成為一名牧師，將他廣博的知識帶給大眾。由於他對基督教的觀念與傳統不同，也確實不符合大部分的基督教教派，因此他在洛杉磯建立了自己的教堂。他先是吸引來一小部分的信徒，聽他講述樂觀與希望的訊息，而不是一般牧師在布道時說的「罪與天譴」，不久後，有更多的人來到了他的教堂。

　　約瑟夫是新思潮運動的支持者。此一運動在十九世紀末、二十世紀初由多位哲學家及思想家所發展起來，他們結合形而上學、靈性及實用主義來宣揚、著述、實踐一種看待生活的新方式，並揭示了能夠實現真正渴望的祕密。

　　新思潮運動的倡導者所宣揚的新人生觀，可以帶來新的方法與更好的結果，我們有能力可以運用這些方法來豐富自己的生命。因為我們已經發現了以前視同啞謎一樣的神聖法

則，並摸索出了其中的意義。

當然，墨菲博士並不是唯一一個宣揚這個正向訊息的牧師。受到新思潮運動影響的牧師與會眾，在二次世界大戰後的幾十年間開枝散葉，分別建立了好幾個教會，例如宗教科學教會（Church of Religious Science）、合一教會（Unity Church），傳布類似的處世之道。墨菲博士將他的組織命名為「神聖科學教會」（Church of Divine Science），時常與理念相近的同行分享平台及合辦課程，訓練其他男男女女加入他們的行列。

多年下來，他與其他教會聯手建立了一個名為神聖科學聯盟（Federation of Divine Science）的組織，為所有的神聖科學教堂提供保護傘。每一位神聖科學教堂的領袖都持續推動更多的教育，而墨菲博士是支持在密蘇里聖路易斯市（St. Louis）創辦神聖科學學苑（Divine Science School）的領袖之一，這所學校負責培訓新的牧師，並為牧師與會眾提供持續的教育。

神聖科學牧師的年度大會是強制參加的，墨菲博士是大會的重要講者。他鼓勵參與者要勤於治學，尤其是關於潛意識的重要性。

隨後幾年，墨菲在當地的神聖科學教堂由於規模太大、

建築太小，容納不了會眾，於是他租下了曾是電影院的威爾榭伊貝劇院（Wilshire Ebell Theatre）。他主持的禮拜參加人數眾多，即便是這個場地，也不是每次都能容納得了所有的會眾。他的週日禮拜，包括由墨菲博士與幹部主講的課程，出席人數通常多達一千三百人至一千五百人。此外，幾乎每天都有日間及夜間的研討會和講座。這間教堂在洛杉磯的威爾榭伊貝劇院一直營運到一九七六年，然後遷移到加州的拉古納希爾斯（Laguna Hills）的新據點，鄰近一個退休社區。

為了讓廣大群眾都能聽到他傳布的訊息，墨菲博士開設了每週一次的廣播談話節目，最後聽眾人數突破了一百萬。

許多追隨者不只想參加研討會，還建議他錄下講堂及廣播時的講話內容。他原本的意願不高，但答應試試看。他按照當時的常見做法，用特大的七十八轉唱片錄製廣播節目，並將其中一張唱片翻製成六捲錄音帶，擺放在威爾榭伊貝劇院大廳的服務台，結果上架一小時就銷售一空，從此開啟了新的業務。他講解《聖經》經文及為聽眾提供冥想與祈禱的錄音帶，不只在他的教堂販售，也能從其他教堂、書店和郵購買到。

隨著教會的發展，墨菲博士招募一批專業及行政人員，

協助他執行手上的諸多計畫,並為他的第一本書做研究。他效率最高的其中一位幕僚是他的行政祕書珍·萊特(Jean Wright)博士。兩人由同事情誼發展為戀情,婚後成了一輩子的伴侶,也豐富了彼此的生活。

當時(一九五〇年代),靈性題材的大型出版商相當稀少。墨菲夫婦在洛杉磯地區找了幾家小出版商,合作了一系列的小書(通常是三十至五十頁的印刷小冊子),大部分在教堂販售,每本一·五美元至三美元。當這些書的訂購量增加到二、三刷時,大出版社明白了這一類的書籍有市場,便將這些書納入他們的出版品目錄。

由於書籍、錄音帶、廣播節目的推廣,以及他多次受邀在全美各地講課,墨菲博士的名氣散播到洛杉磯以外的地區。他演講的內容並不局限於宗教題材,也談論生命的歷史價值、健全生活的藝術,以及東西方大哲學家的教誨。

墨菲博士不會開車,但行程又滿,不得不安排專人開車送他到各地講課。珍先是他的行政祕書,後來成為他的妻子,職責之一就是安排他的工作及處理他的交通事宜。

墨菲夫婦經常前往世界各地,他最喜愛的工作假期之一,就是在郵輪上辦講座。這些行程通常為期一週或更長,會走訪許多國家。

墨菲博士最有價值的活動之一，是前往許多監獄為囚犯們演講。多年下來，許多受刑人在出獄後寫信給他，說他的演講如何真正改變了他們的人生，啟發他們過上有意義的精神生活。

他在美國及許多歐亞國家巡迴演講時，一再強調理解潛意識力量和立基於「我是」信仰的生命法則有多重要。

在小冊子大受歡迎後，墨菲博士開始擴寫為更長篇的作品。他的夫人珍透露了他寫作的習慣與方法。據她說，他的手稿是用鉛筆或鋼筆寫在便條簿上，下筆非常遒勁有力，不僅力透紙背，還經常處於出神狀態。他的寫作習慣是在辦公室待上四至六小時，不許任何人干擾，直到他停筆說今天已經寫夠了為止，此後就離開辦公室，直到第二天才接著寫下去。日日如此。他工作時不吃不喝，全身心投注在自己的思維及不時翻閱的大量藏書中。在這期間，夫人會為他擋下訪客和電話，並由她負責教會的正常運作及所有活動。

墨菲博士一直都在尋找一種簡單的方式來探討問題、闡述觀點，以詳細說明一個人是如何受到影響的。隨著錄音技術的發展與新方式問世，他挑選了一些講座錄製成錄音帶、唱片及 CD。

他全部的 CD 與錄音帶作品，可用於解決人生中會遭遇

到的大部分困擾，且經時間證明，這些工具確實能達到預期的目標。他的核心論點，是每個問題的解決方法都在自己之內。外在因素改變不了一個人的思考模式，也就是說，你的心智是你自己的。想要過更好的生活，要改變的是你的心智，而不是外在環境。你是自己命運的主宰，一手創造了自己的現實。改變的力量就在你心智中，善用潛意識力量，你可以變得更好。

墨菲博士寫了三十多本書，其中最著名的作品《潛意識的力量》在一九六三年首次出版，一上市即成為暢銷書，被譽為有史以來的最佳自助指南之一。他的作品在世界各地已經售出了數百萬冊，數字還在持續累積中。

其他暢銷書包括《遠距心靈力：完美生活的魔法力量》（暫譯，*Telepsychics: The Magic Power of Perfect Living*）、《宇宙心智力量的神奇法則》（暫譯，*The Amazing Laws of Cosmic Mind Power*）、《易經的奧祕》（暫譯，*Secrets of the I Ching*）、《心識動力的奇蹟》（暫譯，*The Miracle of Mind Dynamics*）、《致富的無窮力量》（暫譯，*Your Infinite Power to Be Rich*）、《你內在的宇宙力量》（暫譯，*The Cosmic Power Within You*）。

墨菲博士逝於一九八一年十二月，由夫人珍・墨菲博士

承接他的牧職。她在一九八六年的講座中引述亡夫的話，重申了他的理念：

　　我要教導人們關於他們的神聖起源，以及統御他們的內在力量。我要告訴他們這股力量是在他們之內，他們就是自己的救世主，有能力達成自己的救贖。這是《聖經》傳遞的訊息，而我們如今的困惑有九成都是源自於錯誤地解讀了《聖經》中對於改變生命的真理。

　　我想要接觸更多人，包括走在街上的男人，以及被責任壓得透不過氣、才華與能力受到埋沒的女人。我想要幫助處於任何一個意識階段或層級的人，讓他們得以認識神奇的內在。

　　她如此描述她的丈夫：「他是一個務實的神祕主義者，擁有學者的智慧、成功經理人的腦袋，以及詩人的心。」墨菲博士帶給我們的訊息可以總結為：「你是王，是你世界的主宰，因為你與上帝是一體的。」

國家圖書館出版品預行編目資料

潛富：成為真正富人的潛意識關鍵 / 約瑟夫．墨菲作
；謝佳真譯 . -- 初版 . -- 臺北市：三采文化股份有限
公司, 2022.02
　　面；　　公分 . -- (Spirit；34)
譯自：Grow rich with the power of your subconscious mind

ISBN 978-957-658-640-8(平裝)

1. 職場成功法 2. 潛意識

494.35　　　　　110013669

◎封面圖片提供：
nimaxs- stock.adobe.com
Mint Fox- stock.adobe.com

本書作者及出版商並無提供個別讀者專業建
議與服務，不建議將本書觀念、做法作為醫療
諮詢使用。若有任何不適及個人健康、生理、
情緒問題，應諮詢專業醫師之診斷與治療建議
為宜，作者與出版商一概不負法律責任。

suncolor
三采文化集團

Spirit 34

潛富
成為真正富人的潛意識關鍵

作者｜ 約瑟夫・墨菲 Joseph Murphy　　譯者｜ 謝佳真
企劃主編｜ 張芳瑜　　特約執行主編｜ 莊雪珠
美術主編｜ 藍秀婷　　封面設計｜ 藍秀婷　　內頁排版｜ 曾綺惠　　校對｜ 黃薇霓
行銷經理｜ 張育珊　　行銷企劃｜ 陳穎姿　　版權負責｜ 杜曉涵

發行人｜ 張輝明　　總編輯｜ 曾雅青　　發行所｜ 三采文化股份有限公司
地址｜ 台北市內湖區瑞光路 513 巷 33 號 8 樓
傳訊｜ TEL:8797-1234　FAX:8797-1688　網址｜ www.suncolor.com.tw
郵政劃撥｜ 帳號：14319060　戶名：三采文化股份有限公司
初版發行｜ 2022 年 2 月 25 日　定價｜ NT$420
　　6 刷｜ 2023 年 11 月 30 日